活学活用
心理策略

武志远◎编著

国家一级出版社　中国纺织出版社　全国百佳图书出版单位

内 容 提 要

人际交往是心与心的碰撞，社交活动与心理学有着千丝万缕的联系，掌握心理学的相关原理、效应和方法等，可以让你在与人交往时更加轻松。

本书是一部教你应用心理策略开展社交活动的实用读本。书中不仅一一揭开心理效应、心理定律等心理学知识的神秘面纱，并且在阐释心理学内容的同时，介绍多种有效应对心理博弈的策略。例如，如何察言观色识人心，如何进行心理暗示，如何吸引和结交陌生人，如何说服他人、获得信任、得到帮助等。这些方法和技巧配以诸多鲜活的案例，在不同情景下进行详尽解析，让你在社交活动中游刃有余，轻松达到目的。

图书在版编目（CIP）数据

活学活用心理策略 / 武志远编著. ---北京：中国纺织出版社，2017.10（2024.1 重印）
 ISBN 978-7-5180-3808-4

Ⅰ.①活… Ⅱ.①武… Ⅲ.①心理学—通俗读物
Ⅳ.①B84-49

中国版本图书馆CIP数据核字（2017）第170721号

责任编辑：闫　星　　　　　　　　责任印制：储志伟

中国纺织出版社出版发行
地址：北京市朝阳区百子湾东里A407号　邮政编码：100124
邮购电话：010—67004461　传真：010—87155801
http：//www.c-textilep.com
E-mail：faxing@c-textilep.com
北京兰星球彩色印刷有限公司　　各地新华书店经销
2017年10月第1版　2024年1月第5次印刷
开本：710×1000　1/16　印张：18.5
字数：245千字　定价：59.80元

凡购本书，如有缺页、倒页、脱页，由本社图书营销中心调换

PREFACE

有人说，这世界上最难摸清楚的就是人的心理，所以才有了"知人知面不知心"的说法。事实上，人们的众多行为都受到心理的支配。你是不是曾有过这样的经历：

逛商场时，明明不是很喜欢某个东西，却因为销售人员的推荐而狠心买下了；原本看不惯的两个人，最后却成了知心朋友；而原本亲密无间的两个朋友，最终老死不相往来；原本不打算答应某人的请求，最后却被别人的三言两语改变了自己的想法。

为什么会发生这些情况呢？其实，都是因为心理因素在作怪。在我们的生活中，这样的心理战无时无刻不在上演，无论是工作、生活还是人际交往，都离不开心理学这个范畴，每时每刻都在上演着一幕幕心理博弈。这正如法国文学家罗曼·罗兰所说："人类的一切生活，其实都是心理生活。"

心理学，影响甚至改变着我们的生活。有的时候，我们不但摸不透别人的心理，就连我们自己的心理也不能把控。为了获得更幸福的生活，我们有必要掌握更多的心理学知识，学习实用的心理策略。

伟大的心理学家荣格曾说过："心灵的探讨必将成为一门十分重要的学问，因为人类最大的敌人不是灾荒、饥饿、贫苦和战争，而是我们的心灵自身。"

心理学是一种武器，是一剂良药，更是一缕春风。著名行为心理学派大师阿尔伯特·班图拉曾说："心理学不能告诉人们应当怎样度过一生，但是，它可以给人们提供影响个人变化和社会变化的手段。而且，

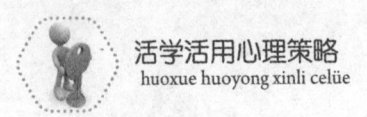

它能帮助人们去评估可供选择的生活方式及社会管理的后果，然后做出价值抉择。"

简单来说，心理学上的种种策略，有助于你做出更好、更有价值的人生选择。中国古代兵法云："用兵之道，攻心为上，攻城为下；心战为上，兵战为下。"这一兵法尤其在现代社会社交生活中大有用武之地，如果不懂心理策略，即便你口若悬河、煞费周章，也可能南辕北辙、毫无效果；相反，如果精通心理学的知识，可能只需一时半刻，便能洞悉对方的内心世界，从而占尽社交先机，达到交际目的。

因此，生活中的每一个人，都应该懂点心理策略，它可以使你摆脱无所适从的困惑；它可以让你具有认清环境和辨别他人的能力；它可以使每个人在风云突变之际，看清周围的人与事，看破一个人的真伪，洞悉他人内心深处潜藏的玄机，以不变应万变，进而指导你怎么说话、怎样做事，让你从容应对各种人际关系，不再四处碰壁，牢牢地掌握人生的主动权，创造属于自己的幸福人生。

编著者

2016年12月

CONTENTS

第 1 章　心理冷读策略：让你成为交际高手 / 001

心理冷读策略的全方位解读 / 002

通过观察解读对方真实意图 / 004

如何让对方说实话 / 006

如何在不知不觉中影响对方 / 008

如何提升社交能力 / 011

第 2 章　心理洞察策略：通过细节了解他人 / 015

通过神色、举止看个性特点 / 016

各种姿态的暗含意义 / 019

通过笔迹看性格 / 021

找到病症，对症下药 / 024

第 3 章　心理沟通策略：让交流更见成效 / 027

巧妙提问，找出沟通的问题所在 / 028

什么是外向型沟通心理 / 031

通过眼神判断对方所想 / 033

如何与急躁的人有效沟通 / 035

如何与强势的人有效沟通 / 037

什么是和善型沟通心理 / 040

用一个秘密，交换一件心事 / 042

有策略的交流，让沟通更有效 / 044

第 ④ 章　心理表达策略：如何说更妥帖 / 047

巧设悬念，激发对方好奇心 / 048

看准时机再说话 / 051

否定句的妙用 / 053

学会提问，引导对方发言 / 056

如何巧妙获得对方的认同 / 058

选择性的问题让对方印象更深刻 / 060

第 ⑤ 章　心理暗示策略：潜移默化传达意见 / 063

如何让对方跟着你的思路走 / 064

通过暗示，拉近彼此距离 / 066

好处需要暗示 / 069

如何正话反说 / 071

学会恭维暗示 / 074

暗示让难以启齿的话顺理成章 / 077

营造氛围，巧妙暗示 / 079

第 ⑥ 章　心理赢心策略：赢了心就成功了一半 / 083

如何迅速赢得人心 / 084

巧用"首因效应"与"近因效应"博得好感 / 086

如何不刻意地赞美对方 / 089
从对方的喜好入手解读其心理 / 091
制造共同点，让彼此产生共鸣 / 094
学会当对方的"配角" / 095
真诚让你的好感度大大增加 / 098

第 7 章 心理自助策略：提升自己的影响力 / 101

用点小计策吸引对方 / 102
真诚让你赢得对方信赖 / 104
用自己的小秘密快速拉近彼此距离 / 106
有充分的自信，才会赢得信任 / 109
借用他人之口，赢得对方的信任 / 112
运筹帷幄，令对方对你肃然起敬 / 114
专业素质必不可少 / 116
犯点可爱的小错误 / 118

第 8 章 心理识谎策略：如何识破他人的假话 / 121

通过细节判断对方的言语真实性 / 122
迂回前进，试探真心 / 124
别放过对方的任何表情 / 126
提重复的问题看对方的回答是否统一 / 129
通过眼神判断对方是否在说谎 / 131
通过反应速度来判断对方是否在说谎 / 132
太过巧合的事，要仔细甄别 / 134

第 9 章　心理把握策略：如何把握心理走势 / 137

激将法的妙用 / 138

巧用"双重束缚"，不会遭遇拒绝 / 140

故意出错，套得对方的真心 / 143

如何营造距离感 / 145

如何对待固执的人 / 147

第 10 章　心理引导策略：把握沟通的主动权 / 151

话不说满，让对方跟着你的脚步走 / 152

学会"威胁"对方 / 155

巧设陷阱，激起对方的欲望 / 157

抓住对方贪图便宜的心理 / 159

如何让对方不知不觉同意你的观点 / 162

巧妙赞美对方，提升好感度 / 165

第 11 章　心理博弈策略：掌控心理博弈战 / 169

一眼发现对方的弱点 / 170

温柔必杀技 / 172

威胁恐吓计 / 175

找到对方的"命门" / 177

用对方的回忆来攻其不备 / 179

以退为进 / 181

运用权威，赢得对方信赖 / 184

第 12 章　爱恋心理策略：恋爱中的攻心策略 / 187

测测你们之间的心理距离 / 188

创造机会接近对方 / 191
如何含蓄表达情意 / 193
怎么知道对方对你的感觉 / 195
换位思考，给爱人多一份理解 / 197
经营爱情，男女都要有点策略 / 200
沟通是解决一切问题的药方 / 202
如何给爱情"保鲜" / 204

第 13 章　职场心理策略：让你左右逢源 / 209

巧用策略，赢得领导赞赏 / 210
博得信任，做领导的助手 / 213
谦逊让你更受欢迎 / 215
如何轻松化解尴尬 / 218
推功揽过，让你赢得好人缘 / 221
管理者的策略，提升领导气质 / 223

第 14 章　谈判心理策略：谈判就是一场攻心战 / 227

先抑后扬，掌握主动权 / 228
让对方先开口 / 231
先发制人不招后患 / 233
将心比心，赢得对方好感 / 236
营造舒适气氛，避免尴尬 / 239
把握主动，始终引领对方的思维 / 241
用数据说话，更有说服力 / 244

第 15 章　交际心理策略：跟谁都能聊得来 / 249

面对不同人，要说不同话 / 250

第一句话就要营造轻松的气氛 / 253

幽默让你更受欢迎 / 255

谈些有得聊的话题 / 258

把对方变成你的贵人 / 261

认同赞美对方是交际的捷径 / 264

掌握交际走向，把握主动权 / 266

第 16 章　百变心理策略：心理技巧活学活用 / 271

灵活运用百变心理策略 / 272

看清场合再识人 / 274

把握时机，抓紧机会 / 276

巧妙转折，自然过渡到你的意图 / 279

如何让对方在你面前敞开心扉 / 281

与众不同不是被孤立 / 283

参考文献 / 286

第1章 心理冷读策略：让你成为交际高手

心理冷读策略的全方位解读

我们知道，人是这个世界上最具智慧的一种高级动物，作为人类，我们能了解很多神秘的问题，并能发挥其最大作用，可是，回过头来想想，世界上最难理解的问题是什么？有人给出的答案是：人。要读懂一个人的内心世界、性格、需求、欲望等，并非易事。当然，这也并非无从了解，但前提是我们需要掌握一门心理学技巧——冷读策略。它是一种打开陌生人心扉，从而建立良好人际关系的技巧。因为人是社会中的人，处于复杂的人际网络中，只有知道如何洞察他人的性格并善加研究各色各样的人物，才能在人际交往中左右逢源、游刃有余。

杜薇是一名刚毕业的学生，幸运的是，她应聘上了一家大型公关公司的策划人职位，成为人们羡慕的"白领一族"。

上班第一天，她兴奋地来到公司，如她所料，办公室果然是美女如云。站在她们中间，杜薇突然有一种"丑小鸭"的感觉。突然，一个美女走过来，热情地冲杜薇打招呼，杜薇自然也是热情地回应，然后杜薇也打量了一下这位同事，颇有御姐的风范：一身很惹眼的名牌。而正当这位同事和自己说话时，她看到其他几个同事都投来鄙夷的眼神，杜薇认识到这位同事应该是一个不受欢迎并且爱表现的同事，然后她给自己敲了一个警钟：以后不要和这类同事深交，否则不仅在职业上没有上升的空间，还容易得罪公司的其他人。

上班的第一天，根据自己的观察，杜薇就把办公室的同事以及领导

都划归为几种类型，并用不同的方式与他们每个人相处。果然，不到半年，她就在一片支持声中升职了。

的确，现代社会的职场人士，除了要具备一定的职业能力外，还必须学会怎么和同事、上司相处，杜薇的聪明之处，就是在上班的第一天，弄清楚了每个人的性格，给自己打了"预防针"。

的确，世界上没有比真正地了解一个人的本性还困难的事情。每个人的性格不同，本性与外表也是不统一的，有的人外貌温良却为人奸诈，有的人神态谦恭却心怀欺骗，有的人看上去很勇敢实则很怯懦，有的人似乎竭尽全力实则另有图谋。

我们再来看下面的一个情景：

你和客户的谈判已经进入尾声，于是，你把合同拿出来，一份是"一次性付款"的，一份是"分期付款"的。当问到客户选择哪种付款方式时，你一边看着客户的眼睛，一边用手指轻轻地触碰"一次性付款"这份合同。此时，如果客户对于到底选择哪种付款方式比较犹豫，那么，你的"小动作"就起到了作用。当然，如果他已经选择了分期付款，那么则另当别论。

很简单，一笔生意就这样做成了。可能你会惊叹，冷读术真的有如此惊人的效果吗？的确，掌握冷读术，我们就能看穿人心。其实，古人早已提出了冷读术的具体操作方法。

诸葛亮曾说过："夫知人性，莫难察焉。美恶既殊，情貌不一，有温良而为诈者，有外恭而内欺者，有外勇而内怯者，有尽力而不忠者。然知人之道有七焉：一曰间之以是非而观其志；二曰穷之以辞辩而观其变；三曰咨之以计谋而观其识；四曰告之以祸难而观其勇；五曰醉之以酒而观其性；六曰临之以利而观其廉；七曰期之以事而观其信。"

这里，诸葛亮不但提出了四种表里不一的人，更提出了七种识别办法，这对于知人识人，可以说是珍贵的参考资料，认真研读，肯定大有帮助。

这七种方法很实用，也很具体，能帮助我们识人、察人。当今社

会，使用这些方法不一定都妥当，比如，以利诱人、酒桌上通过灌酒来套他人的实话，我们都不能使用。不过我们还是应该从这些方法中汲取精华，因为识人不能从单方面入手，而应该综合考察，不仅要听其言，还要观其行；不仅要从其自身考察，还应多听听他人的评价等。

当你努力地去了解了别人的内心后，你就能树立起信任他人的形象，对方必定会同样信任你、接纳你。当然，掌握冷读策略，不仅仅是要看穿他人的内心，更是需要我们在前者的基础上把话说到对方的心坎上，从而把陌生人变为朋友，提升自己的人际交往魅力。如果我们能将冷读术运用自如，那么，我们势必能在职场上游刃有余！

通过观察解读对方真实意图

我们都知道，冷读策略是一种使用会话、心理策略建立信任关系的技巧，那些读懂他人内心的人不过是比其他人更为细腻一点、观察力更强一点而已。归结起来，掌握冷读策略，需要锻炼自己的观察力。

一天，保健器材推销员陈路敲开了一位准客户的门，开门的是个老太太。站在门外，推销员就看到了挂在墙上的照片。进门后，推销员便以此为话题与客户谈起来。

"阿姨，这墙上的照片是您儿子吧？看上去真英俊，一定是个知识分子。"

"这的确是我儿子，他现在在××大学当教授。他是个很爱读书的人，从小就爱学习，现在每天的大部分时间也是读书，平时都在学校，只有周末才回来……"

……

一谈到儿子，这位老太太似乎有聊不完的话题。就这样，这位推销员和顾客关于教育孩子的一些话题谈了很长时间。过了一会儿，推

第1章　心理冷读策略：让你成为交际高手

销员说：

"阿姨，您看，和您聊了这么久，我居然忘了今天来这儿的目的了，不知道您还记不记得，上周六在中山公园，您填了一张健康卡？"

"对呀。""您真是很幸运，几百人中抽中了您，所以您将免费获得一张价值100元的健康检测卡，您好像在卡片上填了您有高血压，我们的仪器主要是检测心脑血管情况的。常检查，做好预防，不但可以省去很多治疗费用，更可以给您的儿子省去很多担心。您要是有时间的话，这几天就去我们公司看看，检测一下您的身体状况，您看怎么样？"

"嗯，你说得对，我一定要注意健康啊，不然我儿子在外面工作也不放心啊，我周末就去。"

这名推销员是聪明机智的，他的观察力也是惊人的。作为父母，最关心的莫过于子女，于是，他便从挂在墙上的照片入手，通过夸赞客户的儿子，来拉近和对方之间的距离，从而打开对方的话匣子，再顺其自然地过渡到销售上，成功销售也就水到渠成了。如果一开始推销员就"开门见山"，大谈购买产品的好处，估计他销售的过程也不会如此顺利。

那么，具体来说，我们应该从哪些方面来洞悉他人的内心世界呢？

1. 语言

语言是性格的最好体现，我们在不到三分钟的彼此交流中，大致就能看出一个人的性格：那些侃侃而谈的人一般性格外向；那些措辞谨慎的人一般做事小心；那些喜欢谈论生活点滴的人性格稳定；那些说话颐指气使的人可能习惯支配下属；那些说话音调高的人，往往性格浮躁、任性……

我们与人交流的时候，如果细心体会他人的语言，就能够或多或少地剖析出对方的心理。一个人说话的口气、语调足以彰显出其内心的情态：淡淡的短言少语意味着不耐烦；好似退让的冷语暗示着一种责备与生气；只有听到近似可笑的话语时，那才是亲切……

可见，语言确实需要我们耐心地去思考，也就是人们常说的察

言观色中的"察言"。"察言"是指通过对方的言谈了解其性格、品质、情绪及内心世界,从而摸透对方的心思。善于"察言"的确是社交的一种技能,但这并不是说思考研究语言就是为了"察言",更重要的是怎样通过语言来把控人心,从而拉近心理距离,达到沟通的目的。

2. 体态语

生活中,尤其是那些善于交际的人,在语言上总是能做到"滴水不漏",但在体态上做到不露痕迹却是不可能的。因为当人的大脑有某种打算时,其思维活动会支配身体的各个部位发出各种细微信号,这是人们不能完全控制,也是难以充分意识到的。如果一个人撒谎,可能经验尚浅的你在语言上根本看不出有什么不对劲,但如果懂得"读心",从其体态语言上辨别,就容易多了。其体态信号有:脸色变化、动作不自然、肌肉紧张、眼神不自然等。因为在可以控制的有声语言与难以控制的体态语言之间,有意识控制的部分体态与难以意识到的部分体态之间,有意控制的短暂时间与难以控制的较长时间之间,必然会出现某种矛盾、差别,显得不协调、不自然。这就是体态语言的心理表现不可改变的原因。

总之,应该把冷读术当成一门必学的功课,在与人交往的时候,懂得识破对方的心理密码,也就多了一个成功的砝码。

如何让对方说实话

我们要想让对方接受我们的想法和意见,从而影响他人,就必须先探清对方的内心世界。但事实上,人们出于自我保护的目的,内心世界往往是隐蔽的,甚至会戴着面具与我们交往。我们要想探求对方的真心从而攻破对方的心理堡垒,可以使用一点冷读策略。我们先来看下面的

第1章　心理冷读策略：让你成为交际高手

故事：

第二次世界大战期间，法国某谍报机关抓获了一个自称是农民的人。为了弄清楚他的身份，谍报机关派出一名军官对其进行审问。

这位军官是聪明的，可能出于职业敏感，他总觉得这个农民就是德国间谍，但一时又找不到证据，为此，他准备采取一些特殊方式激怒这个农民。

审讯开始时，军官首先让农民数数。农民用法语流利地数着，没有露出丝毫的破绽。过了一会儿，这名军官派人在屋外当场击毙了一个德国间谍，并用德语大声喊："他罪有应得。"面对这种情况，如果农民听得懂德语，那么，他必定会愤怒，因为他的同党已经被杀害了。果然如这位军官所料，农民的鼻孔外翻了，尽管他控制住了自己的情绪。

这个间谍的表情出卖了他。

的确，人心是无法从肤浅的表面了解的，但我们可以采取主动措施，正如上面案例中的这位军官一样，激怒那个农民，农民的鼻孔会外翻，那么，就能证明他的猜想是正确的。

生活中，这样的情况很多，当你以正面的、积极的方式去探究一个人的内心世界时，对方隐藏得很深，甚至还会使对方提高警惕性，而如果我们能采取一点冷读策略，让对方在不经意间表露出自己的情绪，那么，我们就很容易达到目的。再比如，法官判案时，经常会采用这样的一种问话方式：当嫌疑人陈述了某些情况后，他会时不时地打断嫌疑人："你要注意，你所说的每一句话都将成为呈堂证供，都会产生法律效应。"而嫌疑人每每听到这句话时，就会显得不知所措，甚至紧张慌乱，在最终的心理"折磨"下，他只好供认事实。其实，法官运用的就是冷读策略，混淆了对方的视听，从而使其说出心底的声音和最真实的想法。

我们再来看看生活中聪明的店长是怎样做的：

有一位小姐似乎看中了某商店橱窗内的一款新式皮鞋。但她只是站在柜台前反反复复地看，询问完以后，又去看其他款式。但在看其他款式的时候，并没有询问。销售小姐被她这样的举动搞得晕头转向，而这

一切,都被店长看到了。她对销售员说:"小王啊,你去把橱窗那双新款皮鞋包起来,刚才陈小姐打来电话,说要买下这最后一双了。"这位小姐一听,赶紧说:"这双鞋是我先看中的,我要买下它!"当然,最后的结果是,这位小姐坚定地买下了这双皮鞋。

这位聪明的店长就是采用故意激将的方法,让这位客户认为:店长既然这么说,那这肯定是店里的最后一双鞋了。我很喜欢这双鞋,不买就要被人抢走了。这位客户承认了自己的这一心理,自然就会购买了。

如何在不知不觉中影响对方

现今社会,社交能力已经成为了衡量人才的重要标准,无论哪行哪业,社交的重要性已日益凸显。一个成功人士必定也是一个社会活动家,他们在与人交际的时候懂得察言观色,懂得冷读策略,他们往往拥有影响身边人的本领,而他们之所以能做到这一点,是因为他们掌握了冷读术的精髓——从细节入手。

一天,法国巴黎的希尔顿大酒店来了一位美国女宾。她衣着讲究,应该是个上层社会人物,但她似乎很匆忙,只简单地安置了一下行李,就去参加商业洽谈了。

这位女宾的举动很快引起了细心的值班公关经理的注意。值班公关经理在女宾走后,很快吩咐服务员重新布置来客的房间,把房内的地毯、窗帘、床罩和桌布统统换成大红色。

美国女宾忙了一天回到酒店,对自己房间的变化甚为惊讶,她怀着好奇的心理去问公关经理为什么要这样做。经理说:"我看见您的皮鞋、提包和帽子都是红色的,猜想您一定十分喜欢红色,于是就做了这样的布置。您的商务繁忙,当然希望休息得好些。这样的环境,您喜欢

第1章 心理冷读策略：让你成为交际高手

吗？"女宾听了非常满意，当即取出支票本，开了一张10000美元的支票，作为小费赠送。投其所好，留意顾客的衣着举止，使希尔顿大酒店赢得了顾客的青睐和信赖。

上述案例中的公关经理就是通过充分了解、分析顾客心理，从而投其所好，获得客户好感，为希尔顿酒店的信誉作出了贡献。现代社会，与人交际，我们也要和这位公关经理一样，只有细心观察，才能找出交际的突破口，进而潜移默化地影响他人，最终达到我们的交际目的。我们再来看看曾国藩是如何通过变动一些小细节为自己免除罪责的。

据传，在晚清时期，曾国藩率领湘军与太平军作战，连连失败，伤亡惨重，而按规定历次战役情况必须据实奏报皇帝。当曾国藩在奏折上写下"臣屡战屡败，请求处分"等字样时，他又为必将受到皇帝的加罪而焦虑。这时身边一个幕僚看了奏章，沉吟片刻说："有办法了。"只见他提起笔来，将"屡战屡败"改为"屡败屡战"。曾国藩连连称妙，拍案叫绝。照此呈报上去，皇帝看了奏折，果然认为曾国藩忠心可勉，很是赞扬了一番。

在这则故事中，曾国藩让皇帝看见的是"屡败屡战"，这句话的意思是即使失败，也百折不挠，坚持抗战，虽然皇帝明白最终的结果是失败了，但会认为曾国藩勇气可嘉，自然也就不会怪罪他，甚至还给予他赞扬。假如皇帝看见的是"屡战屡败"几个字，肯定会认为曾国藩统军作战无能，自然要加罪了。

其实，在这两个案例中，主人公运用的都是冷读策略，他们都是从细节处入手，从而产生了一些积极的心理效应，也得到了自己想要的结果。

那么，具体来说，我们应该如何做到冷读小细节呢？

1. 会"听"

在这个人才激烈竞争的时代，我们只有提高自己听的能力，听出对方的言外之意和话外之音，才能"以牙还牙"，让自己处于有利的地位，并如愿以偿地踏上自己的成功之路。

2. 会"看"

看出其内心真正的想法，比如，对方的口头禅是"真的"，那么这个人是真老实还是假实在？对方平时是一个沉默寡言的人，一下子变得健谈，这究竟有什么猫腻呢？咬嘴唇、摸下巴，这些小动作又代表了什么呢？对一个双手抱臂的人讲话，为什么他几乎一句也听不进去……

3. 会"问"

不同的人，隐藏的深浅自然不一样。很多时候，我们根本无法通过其言行举止洞彻他这个人，这时候，我们不妨投石问路，采用一点小小的计策，让他人"不打自招"。当然，这种投石问路的方法有很多，比如，酒后吐真言；还可以利用人的欲望，比如，金钱的试探、地位的诱惑等，对方的内心动态以及善恶好坏自然就暴露无遗。中国古代那些慧眼识英才的人，往往会采取这些方法试探所用之人，以免用错了人，真金不怕火炼，人格情操高尚的人，也不会被眼前的诱惑所迷住。

除此之外，我们还需要会"想"，这些问题中所牵涉的细节都是人体在潜意识中发出的信号，都是社交活动中读懂对方内心意愿的关键线索。如果你误读了这些细节，就有可能导致一些不良后果——也许一单生意就此泡汤，也许会多树一个敌人，也许会因此造成爱人的离开。生活原本就是由无数细节组成的，如果不注意这些细节，你还能掌控你的生活和社交吗？

可见，冷读策略所带来的效应，的确是我们在社交活动中不容忽视的，而从细节处入手，更是我们必须具备的社交能力，它能帮助我们顺利地达到社交目的，在社交活动中如鱼得水！

第1章 心理冷读策略：让你成为交际高手

如何提升社交能力

有人说："结缘可以改变命运。"一个广结善缘的人往往能事事顺心，运道亨通。这里说的结缘，就是要建立良好的人际关系。好的人际关系，能让我们受益，它就像一个取之不尽、用之不竭的可再生资源，但不是每个人都能得益于交际。在交际中，我们要有眼力，要学会运用冷读策略，只有这样才能运筹帷幄，才能看穿别人的内心世界，才能在交际过程中有的放矢，才能享受交际带来的快乐，才能够左右逢源，增进彼此之间融洽的关系。这样，我们的人生就会更宽广，命运就更平坦了！

在上海一家百货公司的皮鞋货架旁，一位四十多岁的先生对售货员说："您把那双鞋子给我看哈"在说这句话的时候，他说的并不是普通话，而是一口很地道的重庆话，这引起了旁边货架上另外一位先生的注意，很快，这位先生也走过来。主动地用同样的口音和售货员说了同样的话："请您把那双鞋子给我看哈撒"。两句字里行间都渗透着地道的西南方言，使两位陌生人相视一笑。

随后，他们二位买了各自需要的东西，出了店门就谈了起来。两人发现，原来他们都是重庆江津人，20世纪90年代到上海来闯天下，这些年经历了很多为人不知道的事，但没想到的是，二人同时又都是做皮具生意的。更令人惊奇的是，两人在生意上都出现了一些问题，而双方正可以为彼此解决问题。于是，好事成双，他们在交到朋友的同时，还做成了生意。

上面案例中的这两人之所以能成为朋友和生意伙伴，是因为其中一位先生"耳听八方"，在听出对方的乡音时，主动表明自己是老乡，引起了对方的兴趣，因此，很快，两人便成了朋友。

另外，运用冷读策略，还能帮助我们探测出他人真实的内心世界，从而帮助我们避免很多不必要的麻烦。

有个道士求见唐伯虎，大肆吹嘘会炼石成银。唐伯虎一看道士，知道此人不善，就说："既然有如此高妙的道术，为什么不自己干？而要赐予我？"道士说："只恨我福分太浅！我看过的人有很多，有福气的人，没有像你这样的。"唐伯虎笑着说："在城北有一间房间，非常僻静，你到那边炼，炼成后各得一半。"道士还没有省悟，隔天到家来，拿出一把扇子求唐伯虎题诗，唐伯虎写道："破布衫中破布裙，碰到人就说会炼银，那为何不烧一些自己用？玩弄把戏罢了。"

道士求见唐伯虎，不过是慕名而去，然后得到他的题诗进而再去行骗，他的伎俩被唐伯虎看出来了，自然，他是无法得逞的。

可见，交际并没有人们想象得那样难，只要我们学会运用冷读策略，洞悉对方的内心世界，那交际也会变得轻松。当然，冷读策略需要我们做到以下几点：

1. 懂得尊重别人

日常生活中，我们与人交际时，一定要懂得尊重别人。比如，别人同你说话的时候，不可以做一些与此无关的事情，而且当他偶尔问你一些问题时，你就不会因为没留心听他所说的话而无从回答了。聆听别人的谈话时，偶尔插上一两句赞同的话是有必要的，不明白时提出疑问也是非常必要的，因为这正表示你对他所说的话感兴趣。但是，你却不可以把发言的机会抢过来，自己滔滔不绝，除非对方的话已说完，轮到你说话的时候才可以这样做。

2. 要懂得倾听

在这一过程中，我们最好做一个倾听的高手，首先是专注。别人在和你谈话的时候，你的眼睛要注视着他，无论他的地位比你高还是低，你都必须这样做，只有虚浮、缺乏勇气或者态度傲慢的人才不敢或不愿去正视别人。

3. 无论他人说什么，我们都不可以随便地纠正他的错误

如果因此而引起对方的反感，那你就不可能成为一个良好的听众了。批评或提出不同的意见，也要讲究时机和态度，否则，好事也会变

第1章 心理冷读策略：让你成为交际高手

成坏事。

　　社交能力的强弱体现了一个人的智慧。一个社交能力强的人在应酬之前，往往会识破别人的内心世界，这样就能根据对方的想法而采取下一步的应酬措施。我们可以发现，有些人是我们应该与之深交的人，而有些人，只能"淡如水"地交往，更有甚者，不能与之交往。

第2章 心理洞察策略：通过细节了解他人

通过神色、举止看个性特点

中国有句俗语："人心隔肚皮。"人与人交往的时候，更是处处设防，担心上当受骗。特别是一些圆滑世故的人，喜怒不形于色，我们单从语言上很难看出这类人的内心活动。所以若非通过观察对方的神色举止，是无法轻易地判断出来的。我们先来看看下面的案例：

一天晚上，从事销售行业的丈夫很晚才回来。进门后，看见妻子还是一如既往地在等他，他就向妻子解释因为有许多事要和客户交谈，所以才耽误了时间，并保证下次一定尽早赶回家，陪妻子吃饭，希望妻子原谅他。但他说话时却下意识地用手摸了摸嘴唇，而且尽量避免与妻子的目光相对。善良的妻子也没有多想，为"疲惫"的丈夫准备好宵夜后，就睡觉去了。

事实上，我们都明白，丈夫撒了谎，因为他的动作已经出卖了他，他一连串的动作都是为了掩饰什么。遗憾的是，这位善良的妻子还是被他的理由蒙骗了。当然，日常生活中，我们千万不能和故事中的这位妻子一样"善解人意"，要学会眼观六路、耳听八方，更要练就一双"火眼金睛"，一眼就能洞察他人的内心世界。

我们再来看看下面这一销售场景：

客户："价格真的太贵了！我看我还是不买了。"为其介绍产品的是销售员小李，小李听到客户这样说，并没有放弃推销，因为她发现了一个很小的细节：客户看到这款化妆品时，突然睁大了眼睛，便不再看

第2章 心理洞察策略：通过细节了解他人

其他款了。

于是，她尝试着问："小姐，那您认为贵了多少钱呢？"

客户："至少贵了500元吧？"

小李："小姐，您认为这套化妆品能用多久呢？"

客户："这个嘛，我比较省，怎么也要用半年吧。"

小李："如果用原来牌子的化妆品，要用多久呢？"

客户："原来两三个月要买一套吧，因为效果不太明显。"

小李："这样吧，您看原来那个牌子的化妆品是200元一套，可以用两三个月，我们按照三个月计算，您半年需要花400元，但是小姐，实不相瞒，我们的化妆品如果您省着用，至少可以用一年，这是所有客户得出的共同经验，由于它富含的营养成分比较多，所以每次只要用一点，就能达到理想的效果了。"

客户："真的是这样的吗？"

小李："这是我的客户一致的反馈。这个周末您有时间吗？我已经约了所有客户举行一个联谊会，希望您也能参加。"

客户："这样啊，好，我相信其他女孩子的眼力……"

在上面的案例中，化妆品推销员处理客户异议的方法很值得我们学习。她之所以能判定出客户的反对意见"我看我还是不买了"并非真实的想法，是因为她观察到客户的眼神变化：客户看到这款化妆品时，突然睁大了眼睛，便不再看其他款了。这是一种心有所属的表现。

可见，聪明的人不会只听交往对象的语言，还会观其神色举止，因为言语可以装假，而神色举止的真实性却高得多。

那么，具体来说，我们应该如何通过观察他人的神色举止来洞察他人的内心呢？

1. 神色

（1）当对方眼神四射、游离不定时，这说明对方已经对你的谈话没有兴趣了。此时，明智的做法应该是停止你的言论或者再寻找一个新的、能让对方感兴趣的话题。

（2）当对方的眼神上扬时，便说明你的话让对方感到不以为然。

此时，即使你能寻找到更多充分的论据来证明自己的言论，也很难让对方信服，你还不如适可而止。

（3）当对方面带微笑、神色恬静时，这表明对方对你的表现很满意。此时，你不妨继续说几句对方爱听的话。如果你有求于他，那么，此时开口的成功概率比较大。

当对方有以下神色时，表明他是乐于并专注于倾听你说的话：

（1）嘴角向后拉起，或是嘴呈半关状态。

（2）随着讲话的内容，表现出各种表情（因为他正听得入迷）。

（3）眼睛眯起来，或者眨都不眨。

（4）随着讲话人的动作或指示而转移他的视线。

2. 举止

举止，指的就是身体语言。什么是身体语言呢？身体语言，简称体语，指非词语性的身体符号。包括目光与面部表情、身体运动与触摸、姿势与外貌、身体间的空间距离等。

以下是一些与人交往过程中的常识性身体语言，需要我们掌握：

（1）付账：右手拇指、食指和中指在空中捏在一起或在另一只手上做出写字的样子，这是在餐厅表示要付账的手势。

（2）愤怒、急躁：两手臂在身体两侧张开，双手握拳，怒目而视。也常常头一扬，嘴里咂咂有声，同时还可能眨眨眼睛或者眼珠向上和向一侧转动，也表示愤怒、厌烦、急躁。

（3）很骄傲、不可一世：用食指往上推鼻子。

（4）赞同：向上翘起拇指。

（5）"讲的不是真话"：讲话时，无意识地将一食指放在鼻子下面或鼻子边。

（6）"别作声"：嘴唇合拢，将食指贴着嘴唇。

（7）"害羞"：双臂伸直，向下交叉，两掌反握，同时脸转向一侧。

（8）威胁：由于生气，挥动一只拳头。因受挫折而双手握着拳使劲摇动。

第2章　心理洞察策略：通过细节了解他人

（9）绝对不同意：掌心向外，两只手臂在胸前交叉，然后再张开至相距1米左右。

（10）因为事情失败而颓废：两臂在腰部交叉，然后向下，向身体两侧伸出。

当然，观察人的神色举止只是读懂人心的一个小小的部分，需要我们了解和掌握的还有很多，但最重要的是要懂得观察，于细微处看出一个人的心理动态，这样，即使面对那些经验丰富的人，也能先观其心而采取具体的应对策略。

各种姿态的暗含意义

我们的周围，似乎总是有这样一些人，他们懂得识人察人，他们总是交际圈中的红人，他们办起事来似乎总是容易得多。可能你会认为读心术很神秘，其实不然，只要我们善于抓住别人内心世界的某些外在表征，以这个为切入点，自然就能看透一个人，比如，各种姿态，这些经常被人们忽视的细节也能反映出一个人的心理。

我们要学会"窥一斑而知全豹""一滴水看见海洋"。学会看透别人，能帮助我们看透别人的行为动机，把思想和注意力引向正确的方向，排除眼前的交际诱惑，看清眼前的形势，从而妥善制定自己的交际策略。

崔晓燕有着周围人羡慕的职业——心理医生，但正是因为识人无数，才让她左挑右选到了30岁还没有恋爱对象。在朋友一次次的催促下，已经成为"剩女"的她不得不加入相亲的行列。

那天，在母亲和一群朋友的把关下，崔晓燕决定在一家高档酒吧开始她人生的第一次相亲。崔晓燕深知第一印象的重要性，于是，在一番精心打扮之后，她来到了酒吧。当她出现酒吧门口的时候，远远看见一

个人跟她打招呼,此人第一印象不错!为了尽显自己的窈窕身姿,展现自己的迷人风采,崔晓燕开始改变自己的走路方式,慢慢地,迈开小碎步,缓缓地向酒吧大厅走去……

可是,走近那个男士一看,他双臂交叉抱于胸前。熟知心理学知识的崔晓燕明白,这是一种防御性的姿势,是一种心理上的防护,也表示对眼前人的排斥。"难道他排斥我?"果不其然,从与这个男士的交谈中,崔晓燕发现了他对自己的不满:"你已经30了?长得那么漂亮为什么不结婚呢?"……一连串的问题令崔晓燕心生反感,她真后悔没有及时离开酒吧。

人的性格、情绪、人品都溢于言表,一个人的内心世界也不可能没有外泄的部分,一个人在坐立行时表现出来的姿态就是很好的表露,只要我们善于发现,然后加以分析,即使"伪装"得再好的人,也会有破绽的。

我们应该如何从一个人的各种姿态看出他的心理呢?

1. 行姿上

(1)走路抬头挺胸者,多心高气傲。这类人走路的时候,总是大步向前,给人一种心高气傲的感觉。的确,这类人很自信,有力量,但他们致命的弱点就是缺乏耐性和毅力,经常信誓旦旦地要做一件事,但一遇到什么困难,就很容易退缩。

(2)走路时叉腰者,多做事果断。这类人性子急,做事节奏快,他们总是希望在最短的时间内完成最多的事,因此,他们的做事效率较高;另外,他们极具爆发力,也很具有领导力。

(3)走路蹦蹦跳跳者,其心情多溢于言表。他们总是有一颗童心,无论遇到什么事,都乐观向上;他们不会掩藏自己的情绪。一般来说,这类人较好相处。

(4)走路不紧不慢、优哉游哉者,多无上进心。任何事情都不能让他们加快步伐,他们总是不慌不忙,对于现状也总是很满足。

2. 坐姿上

(1)正襟危坐、表情严肃者,多为完美主义者,他们做事严谨、

第2章 心理洞察策略：通过细节了解他人

力求面面俱到。

（2）坐着的时候，身体蜷缩、双手夹在大腿间，多为小心翼翼且自卑者，大多属于服从型性格。

（3）侧身而坐的人，多以自我为中心，不在乎周围人的眼光。因此，他们觉得，坐着的时候，只要自己感觉舒服就行，没必要给他人留下什么好印象。

（4）敞开手脚而坐的人，他们霸气十足，喜欢周围的人和事。但这类人性格外向、不拘小节，因此常得罪人。

3. 在立姿上

（1）在排除身体疾病的情况下，一个人在站立的时候，如果弯腰勾背，那么，则表示此人性格趋向封闭型，对待陌生人一般都是封闭的，自我防备心较重。

（2）站立时喜欢双手插兜者，心思多缜密，性格通常谨小慎微，凡事三思而后行，但他们也具备灵活性不够、耐挫能力差等缺点。

以上只是一些较为常见的坐立行姿和人的内心世界的关系，当然，每个人有不同的行为习惯，呈现多样性特征，并不能以偏概全，但只要我们细心观察，就能探测他人的内心世界，然后拨开交际中的迷雾，适时地制定自己的交际规划！

通过笔迹看性格

提到笔迹与心理，可能人们都会想，这二者怎么可能有关系呢？但实际上，对于它们，我国乃至欧洲早有学者研究过，这就是为什么生活中人们常说"字如其人"。可见，一个人的个性心理与其字迹是有一定关系的。

的确，笔迹作为人们传达思想感情、进行思维沟通的一种手段，像其他人体语言一样，是人体信息的一种载体，是大脑潜意识的自然流露。我们的确可以从一份笔迹上猜测出书写者的性格特点、心理等，而且成功的概率可以达到60%～70%；这一点，已经成为很多用人单位招聘员工的一个潜在考察点。

李芳经人引荐，去一家待遇较好的时尚杂志面试。为此，她精心修饰了一番：白衬衣、粉红短套装裙。她打扮得很漂亮，出门前家人都认为她这份工作肯定能够轻松获得。

但中午的时候，李芳回家了，只见她一副沮丧相，家里人问是怎么回事，原来问题最终出在了李芳的笔试上——她的字太潦草。

事情是这样的：

李芳应聘的是杂志文字编辑一职，她和其他几位应聘者一样，都带上了自己的文稿，但这几篇文稿文笔相当，面试官不好决策，就咨询主编。巧的是，这位主编是个典型的"老古董"，习惯了古老的考试方式，并且，他认为，一个人的字写得怎么样，很大程度上体现了他的知识素养，于是，他针对时尚界的一些问题，出了一些题目，让这些应聘者现场给出答案。结果，这位主编对李芳试卷的评价是：字迹潦草，观点模糊。

后来，这位主编留下了一位字体漂亮，但资历尚浅的年轻人。这让很多同来的面试者不服气，但他们也只能和李芳一样，自叹没有练好字。

这里，尽管我们并不完全赞同这位主编选用人才的方式，但事实告诉我们：很多时候，人们会根据对方的字体来判断对方的知识水平和文化素养，尽管人们已经普遍使用办公设备工作。例如，在美国，已经有三百多家公司在聘用人才时，接受笔迹学家的意见，他们认为，通过笔迹，可以看出应聘者在求职时的心理状态，并且利用这一点还能做到人尽其才，按照每个人的不同性格安排工作，更能发挥他们的专业才能。

当然，在社交生活中，我们分析他人的笔迹，更多的是考察对方的

第2章 心理洞察策略:通过细节了解他人

个性心理,这也是冷读术的一个范畴。

关于笔迹学,美国著名的心理疗法专家威廉·希契科克研究了二十多年,并藏有四万份笔迹档案,从中他得出了一些具体的结论:

一个人的性格、心理状态和逻辑思维能力等很多方面都在笔迹上有所体现,具体来说,我们可以从这些方面来看:

(1)根据笔迹是否均匀来看,一个人的笔迹若不均匀,那么则表现出他可能脾气暴躁、嫉妒心强,甚至喜欢搞小动作、小阴谋;一个人笔迹轻重均匀适中,则表现出书写者是个性格平稳、成熟稳重的人,交代他的事,他一般都会努力完成。下笔很重者,则有可能是内心敏感的人。

(2)根据字体大小来看,字体写得过小则是观察力强或精打细算的人;字迹过于紧凑则具有吝啬和善于盘算的性格;字体写得过大则是举止随便、过于自信和做事比较草率的人。

(3)根据字体的形状来看,字写得有棱有角的人,一般都是个性鲜明、立场坚定的人;反过来,字体圆滑者,多半也和他的性格一样,为人随和、老练,善于笼络人心。

(4)从字体的结构来看,字体方正的人,一般都做事严谨、记忆力强、仔细认真;而反过来,字体方圆,在大小、长短等方面有变化的人,则多半适应能力强、善于与人打交道。

(5)从字体是否有变化来看,在笔迹上总是追求更新颖的人,多半也是勇敢的、爱冒险的人;而在字行间起伏不平的书写者则富于外交手段,善于发现别人的弱点;书写时越写越往上者是个乐观主义者,而越写越往下者则是个悲观主义者。

另外,我们还发现,生活中,有些人在写字时,因为喜欢他人的笔迹,他们会刻意地模仿,这种人一般都能独当一面,很可靠;在书写阿拉伯数字的时候,有些人会写得很美,这样的人一般内藏心机,能做到喜怒不外露和沉着应付大事。

总之,通过以上论述,我们发现,不同性格的人在书写的时候,在字体的大小、形状、字的模仿性等方面都完全不同。了解了

这些,能帮助我们看透他人的内心活动,从而帮助我们决定怎样与人交往。

找到病症,对症下药

我们知道,人与人之间交往,都有一个从相识到相知的过程,而在这个过程中,相互之间的印象多半需要我们维护。在社交生活中,那些受人欢迎的人,很多时候,似乎并不是那些"善言者",而是那些"贴心者",他们总是能看出对方的心思,然后配合对方,从而博取对方的好感。

小叶已经到了结婚的年纪,但一直没有找到合适的对象。为此,她只好接受家里人的安排——相亲。几次相亲后,小叶如愿以偿,顺利步入了婚姻的殿堂。婚后,她的丈夫问她:"我不明白的是,为什么当初你选择了我,而没有选择那些有钱人呢?"小叶的回答是:"因为你与众不同,你是唯一在我说话的时候,用柔和的眼神注视我的人,而他们要么眼神游离,要么表情僵硬……"

从小叶的话中,我们可以发现,当他人说话时,用柔和的眼神来表达内心的关注,更容易拉近彼此的心理距离,也更利于沟通。

因此,与人交往,维护关系,你最好学会从潜意识给对方留下好印象的技巧。重点并不是在你说话的时候,而是在听对方说话的时候。听人说话、学会察言观色,有时候,也能帮助我们听出一些话外音。

小张大学毕业后,来到一家外企面试,面试他的人事部经理说话很客气。半个小时后,面试结束了,他握着小张的手,对小张说:"请回吧,我们研究一下,会告诉你消息的,再见。"

小张当时心里很没底,知道自己该去另外一家公司面试了,而不能对此抱有太大希望。因为他已经预料到了这次面试的结果:因为在谈话

第2章 心理洞察策略：通过细节了解他人

时，经理的右手总是撑在脸上，中指封在嘴上，食指伸直指向右眼角，左臂又横在胸前，目光很少注视自己。这种体态就表示：我对你讲的不感兴趣，你不是我们所需要的人。

小张因为懂得通过身体语言看穿经理的心思，从而预料出了自己的面试结果，没有浪费过多的时间，也让双方免除了尴尬。

可见，在与人交往的时候，懂得识破对方的心理密码，也就多了一个成功的砝码。另外，在维护人际关系上，我们还应该配合对方：

1. 通过表达关注

神情是心情的镜子。我们在与人交流的时候，可以通过神情来传达内心对对方的关注。因为每个人在与人沟通的时候，都希望自己的观点被人重视，都希望被人倾听。

①通过表情表达关注。我们在与人交流的时候，要向对方传达正面的信息：微笑注视对方，是融洽的会意；皱眉注视他人，是担忧和同情。如果你想和别人建立良好的默契，应用60%～70%的时间注视对方，注视的部位是两眼和嘴之间的三角区域，这样，传接的信息会被正确而有效地理解。

②通过视线表达关注。人类从外界得来的信息，有70%来自眼睛。眼睛也最有表现力，有道是"眼睛是心灵的窗户"。在人际交往中，目光交流不仅可以相互交换信息、传达彼此的看法，更重要的是能相互建立起信任、理解。不同的目光，反映了不同的心理，产生了不同的心理效果。

听别人讲话时，点头却不将视线集中在谈话者身上，表示对对方和话题不感兴趣。说话时，将视线集中在对方的眼部和面部，是真诚的倾听、尊重和理解。因此，如果你希望给对方留下较深的印象，你凝视他就要久一些。

2. 倾听至上

你若想给对方留下一个好印象，就要学会"讨好"对方，而这莫过于学会倾听。这其中需要一定的技巧，比如，当对方说话时，肯定会有几秒钟的停顿时间，此时，就是你迎合对方的最好时刻，你不需要称

"是"，而只需要简单地点点头。也就是说，并非针对说话的内容点头，而是配合对方呼吸的节奏，深深地、慢慢地点头。

当你与对方交流时，无论你手中的工作多么重要，都要停下来，倾听对方说话，这是尊重对方的前提。相反，则是怠慢、冷淡、心不在焉的表现。

总之，如果你想在交往中维护好人际关系，那就要以期待的目光，注视对方的讲话，不卑不亢，略带微笑的注视对方，这是常用的温和而有效的方式。

第3章 心理沟通策略：让交流更见成效

活学活用心理策略
huoxue huoyong xinli celüe

巧妙提问，找出沟通的问题所在

我们都希望双方能够在愉快的氛围中进行沟通，但实际沟通过程中，我们经常会因为各种原因，导致沟通"卡壳"，此时，如果我们不采取一些措施，那么，就会导致误会、不快的产生。然而，很多时候，对于沟通产生障碍的原因，我们并不了解，因为并不是所有人都会将自己的内心敞开，此时，我们不妨通过提问的方式，不断地探出对方问题的症结。我们先来看看下面这段沟通场景：

菲菲是某大型美容会所贵宾卡的推销员。一天，她站在公司门口观察，迎面走来一个中年妇女和一个年轻女孩，因长相有几分相似，菲菲觉得应该是母女。女儿看上去大约20岁，青春靓丽；母亲看起来也很漂亮，气质华贵大方，年龄应该有40多岁。她们的皮肤都很好。根据多年的销售经验，菲菲认为自己应该争取一下这两位客户，于是她迎了上去。

销售员："你们好，小姐、太太。我是××美容会所业务员，请允许我……"

客户（小姐）："最不喜欢去你们那里做美容了，请你不要打扰我们了，你们的任何产品我们都不需要。"

销售员："小姐的气质很好，皮肤也这么细腻白皙，看起来水灵灵的。日常的保养工作应该做得很好啊！"

客户（小姐）："还行。"

销售员："您目前办的是哪家会所的贵宾卡呢？"

第3章 心理沟通策略：让交流更见成效

客户（小姐）："当然是最好的。"

销售员："哦，是这样啊。不过太太您的皮肤也很棒啊，您和女儿在同一个会所做美容吗？"

客户（太太）："对，一直在同一个地方。"

销售员："小姐，您接触过我们的服务吗？"

客户（小姐）："接触？当然接触过，上次和一个姐妹来这里做美容，结果不知道用了什么产品，非常不舒服，脸上会发痒。"

销售员："是吗？您用的是哪款产品呢？"

客户（小姐）："就是去年你们会所新推出的××型养颜霜，简直把我害苦了。"

销售员："真是对不起。首先我向您表示歉意。但是我想您也许没有弄清楚，我们的那款养颜霜是针对30～40岁的女士研制的，像您这样年轻的女孩，使用起来难免会不合适。可能我们的美容师工作疏忽了，真是对不起。"

客户（小姐）："是吗？原来那款养颜霜是30岁的女性用的？"（吃惊）

销售员："是的，小姐。如果女性使用的美容产品不适合自己的肌肤年龄，脸部就会感觉不舒服，如果不及时停止，很可能会出现脸部发痒的症状。"

客户（小姐）："哦，是吗？原来是这样啊。"（恍然大悟）

销售员："对，其实，我们会所的美容师还是相当专业的，只是上次那个应该是新手，真是对不起。对了，我们这里又新进了一批针对您的年龄段的产品，而且我们的美容师刚从国外培训回来，技术大有长进，您可以办两张我们这里的贵宾卡，您和您母亲的所有费用都是半折优惠。"

客户（小姐）："是吗？真有这样的好事？那好吧，我们办一张。"

场景中的贵宾卡推销员菲菲遇到的母女俩，刚开始都有抵触心理，因为在菲菲所在的美容会所做过美容，结果吃了苦头。但菲菲却非常耐心地问出了客户抵触的原因，并给出了令客户满意的答复。同时，她还

将公司的优惠活动介绍给客户。这样,客户的抵触心理也就彻底消除了。可见,提问有助于消除沟通障碍,让沟通重回正轨。

那么,沟通中,我们应该如何提问呢?又应该问哪些问题呢?

①多问"为什么"。

"我想您这样说,必定是有原因的,为什么呢?""为什么您的销售业绩总比我们好呢?"

这样提问的好处是,对方有足够的时间和机会来回答,并且因为这种问题是开放式的,对方的回答一般也是发散的,你可以获得更多的信息。因此,当你对产品心存疑惑时,你都可以问"为什么"。当然,你需要注意的是自己的态度和语气,不要让对方觉得你是在质问他。

②问"你的意思是……"的问题。

"你的意思是……"这样问时,你可以配合一定的肢体动作,另外,需要注意的是,当你说完这五个字以后,就不要再说话了,让对方来接你的话,效果会好很多。

③问"除……之外"的问题。

"我已经明白你的意思了,那么,除了这点外,你觉得还有什么比较重要呢?""我很同意您说的这点,那您还有什么其他的想法吗?"

同样,在问这类问题的时候,我们也应该注意自己的语气。只要做到这点,对方一般都是乐意向我们和盘托出的。

例如,如果你是某公司的销售主管,而你发现最近一段时间内,公司的销售业绩一直不是很好,你虽然知道问题出现在销售人员身上,但不好直接批评他们,对此,当他们把原因归结到前半个月是促销期时,你可以继续问:"对,前半个月是促销期,那么除了这个原因之外,你认为还有没有其他的原因呢?"导购员说:"其他的,我感觉这几天好像没有以前那么有信心了。"此时,你就应该抓住机会继续问:"是什么原因导致你信心不足呢?"

只要你能坦诚地与对方交流,沟通其实并没有那么难。

总之,用引导的方式提问,也是心理策略的精髓,善于提问,你几乎可以得到任何你想要的结果。

什么是外向型沟通心理

生活中，我们周围有这样一些人，他们说话直来直去，有棱有角，喜怒形于色，他们是情绪化的，他们很健谈，感情外露；热情洋溢；好表现；做事有兴奋度但不长久；对事好奇；天生是舞台上的人才；天真无邪，是永远长不大的孩子；功利心强；性情善变；喜欢即兴的活动；他们更是各种聚会的主角。因此，与这样的人交往，我们常感到毫无压力、轻松惬意。而这样的人，他们通常爱憎分明，虚伪猜忌往往会使他们产生强烈的反感情绪，并且他们还会把这种不满表现在脸上，使你们之间的心理距离拉大，所以，面对他们，我们应该诚实。

我们来看下面这个真实的故事：

某公司的一个部门里有两位职员，工作能力不相上下，互为竞争对手，谁先升任科长是部门内员工十分关心的话题。但这两个人竞争意识过于强烈，凡事都对着干。到人事变动的时候，他们的矛盾已严重激化了，好几次互相指责，揭对方的短。而这些，都被部门经理看在眼里，他是个性格外向、最痛恨部门内部搞小阴谋的人。于是，两人都没有被提升，科长的职位被部门的其他同事获得了。

遇到这种情况，聪明人是不会这么做的。因为掌管他们命运的这位部门经理性格外向，更希望员工都和自己一样坦坦荡荡，即使有竞争，也应该光明正大。

总的说来，性格外向的人有以下特点：

他们能给家庭带来欢乐，被孩子们的朋友喜欢，始终以苦为乐。

他们善交朋友，但也容易忘记朋友；喜爱别人；喜欢赞扬；令人羡慕；不怀恨他人；善于道歉，但很快又犯。

他们工作主动；喜欢新鲜事物；注重表面；富有创造性；积极乐观；是充满干劲的工作者；喜欢闪电式的开始；喜欢鼓励他人做某事；善于吸引他人一起工作。

总结：对别人无所谓，对自己也无所谓。

那么，我们应该怎样与性格外向型的人相处呢？

1. 认识他们不能准时和不能持续的特性

他们喜欢新思想以及新计划，但却很难坚持去完成一件事。所以你不能让他们持续做一件烦琐的工作。

2. 理解他们说话不会三思而后行

他们是一种先张嘴后思考的人。他们并不想鲁莽，但事实上却是如此。所以要理解他们说话不会三思而后行。

3. 承认他们喜欢变化和富有弹性的表现

他们喜欢不断变化的事物，这和他们的性格一样，在欢乐的场景内，他们表现得更为优秀。因此，你不要勉强他们总是在压抑、封闭的环境下工作，给他们自由，他们会更卖力。活泼的男人对新工作更有热情，干得也更出色，而活泼的女人喜欢漂亮的衣服，喜欢参加各种场合，她们绝不会把自己局限于家庭中。

4. 别让他们去做力所不能及的事

他们热衷于所有的新事物，样样都愿意参加。但在负荷超标时，他们会逃避。所以别让他们去做力所不能及的事。

5. 别指望他们记得约会的时间或守时

外向的人比较粗心，他们经常是早出发，但常因路上遇到的事情或美景而迟到。他们也常犯忘拿东西的错误。所以要原谅他们的迟到。

6. 称赞他们做成的每一件事

由于外向性格的人没有持续工作的特性，让他们完成一件事是相当困难的。所以他们需要经常被称赞以坚持下去。表扬是外向型人的精神食粮，没有表扬，他们就不能生存。

7. 他们很易受外界环境影响。

他们的情绪会随其境遇而起落，所以他们很容易受到外界环境的影响。

8. 外向型的人喜欢新礼物和新玩具

无论礼物怎样，他们都会很兴奋。有些外向的人天真无邪，总像个小孩子，所以他们总在寻找新玩具以使自己的日子过得开心些。

9. 接受他们把别人认为尴尬的事当作趣事来谈的事实

外向型的人经常会把自己的事一股脑地和别人分享，但是经常会有一些完美型的人感到丢脸的事情也被他们讲了出来。所以要接受他们把尴尬的事当作趣事来谈的事实。

10. 懂得并理解外向型人的行为有很多是善意的

外向型的人只想到娱乐，而绝没有给人添麻烦的意思。他们经常喜欢开玩笑，但不会把握尺度。所以我们要懂得并理解他们的行为。

通过眼神判断对方所想

人们常说："眼睛是心灵的窗户，也是灵魂的镜子。"灵魂储藏在你的心中，闪动在你的眼里。孟子在《离娄上》中有一段观察人的眼神来判断人心善恶的论述："存乎人者，莫良于眸子。眸子不能掩其恶。胸中正，则眸子瞭焉；胸中不正，则眸子眊（眼睛昏花）焉。听其言也，观其眸子，人焉廋（藏匿）哉？"眼神毫不掩饰地显现了一个人的学识、品性、情操、性格等。戏剧表演家、舞蹈演员、画家、文学家、诗人都着意研究人们的眼睛，认为它是灵魂的一面无情的镜子。

因此，一个善用心理策略的人，一定也是个善于捕捉他人瞬息万变的眼神的人，并以此洞察对方的内心。德国著名心理学家梅赛因也说："眼睛是了解一个人的最好工具。"此言不虚。嘴巴可以说谎，但眼睛不会。

所以要解读一个人的内心世界，从眼神入手最好不过。

曾经有个叫詹姆士的建筑家，他发明了一种可以防盗的方法，那就是画一幅皱着眉头的眼睛抽象画，镶于大透明板上，然后悬挂在几家商店前。果不其然，那段时间，店铺的偷盗案件迅速减少，当有人问他原因时，他说："我画的虽然并不是真正的眼睛，但对那些做贼

心虚的人来说，却构成了威胁，他们极力想避开该视线，以免产生被盯梢的感觉，因此，便不敢进入商店内，即使走进商店里，也不敢行窃了。"

这就是眼神的力量，那些小偷看见的虽然是假的眼神，可是却有种心虚的感觉，心理作用让他们不敢再偷盗了。

生活中，我们在与人交际的过程中，也可以选择观察他人的眼神来洞察其内心世界，比如说，开心的眼神透露的是水亮有神，笑容灿烂；尊敬的眼神表明他有点害怕，笑容勉强；爱慕的眼神是眼神迷蒙，笑得腼腆；困扰的眼神是深邃无神，若有所思，眉头紧锁。

具体说来，我们可以从不同方面来看：

1. 眼神能透露出对方的精神状态

（1）一个健康、精力充沛的人的眼睛通常明亮有力，眼球转动灵活机警，目光清晰、水分充足。

（2）一个疲劳的人的眼睛就会显得乏力无味、目光呆滞。

（3）一个乐观的人的眼睛通常充满笑容，善意十足。

（4）一个消极的人往往眼睛下拉，不敢正视别人的眼光。

2. 从眼部动作能看出对方的心态

（1）如果你和对方交谈时，对方的眼睛突然明亮起来，表明他对你所说的话题很感兴趣，也可能是你的话对他来说很中听。

（2）不管你说什么有趣的话题，对方的眼神总是灰暗的，则表明他可能正在遭受某种不幸或者遇到了什么不顺心的事。

（3）当对方的瞳孔放大、炯炯望人、上睫毛极力往上抬，则表明他对你的话感到很惊恐。

（4）如果你能通过余光发现对方正在斜眼瞟你，则表明他想偷偷地看人一眼又不愿被发觉，如果对方是异性，可能传达的是害羞和腼腆的信息。

（5）眼睛上扬是假装无辜的表情。这种动作是在佐证自己确实无罪。

（6）眼睛往上吊，说明对方有某种不愿被别人知道的秘密，喜欢有意识地夸大事实，因此不敢正视对方。

（7）说话时眼睛喜欢下垂的人，一般比较任性，凡事只为自己着想，对于别人的事漠不关心，甚至对别人的观点常抱有轻蔑之意。

（8）挤眼睛是用一只眼睛向对方使眼色，表示两人间的某种默契，它所传达的信息是：你和我此刻所拥有的秘密，任何人无从得知。

3.通过视线来观察对方的心理

一个人的视线可以从不同的角度和不同的观点来了解。比如，对方是否在看着自己、对方的视线是如何活动的。对方直盯着自己，或视线一接触马上移开，其心理状态是迥然不同的。

当然，这只是一些简单情况的概括，我们在遇到不同的交际对象的时候，还应该运用具体的观察方法，做到有的放矢，这样，你才能游刃有余地与人交往和应酬！

如何与急躁的人有效沟通

在人际交往中，我们总会接触不同性格的人。当然这其中也不乏有些人性格急躁、脾气火爆，在与他们交往的过程中，他们总显示出不耐烦、不够配合，很容易造成紧张气氛。与这样的人沟通，常常令我们感到头疼，毕竟脾气暴躁的人不易相处，但我们如果善用心理策略，具备巧妙的沟通技巧，懂得选择适当的方式来平息对方的脾气，即便是脾气再差的人，我们也能应付自如。我们先来看看下面的场景：

一位先生气冲冲地找到销售员小李，说起了昨天在小李这里购买的录音机：

客户："你昨天卖给我的是什么录音机，我才用了一次就不能录音了。你们卖的这是什么产品？质量也太差了。"

销售员："真是太抱歉了，本来买东西是一件很高兴的事情，没想

到却给您的生活带来了麻烦。真是对不起。请问产品哪里出现了问题？我可以帮您尽快地解决。"（连忙放下手头的工作）

客户："我放了空白磁带，可就是没法录音。"（态度稍有缓和）

销售员："是吗？那我们在现场操作一下，和您一起找找原因。"

小李让顾客在现场操作了一遍，结果他发现了问题，原来顾客只按了录音键，却忘记了按播放键。

客户："这，真是不好意思。"（一脸歉意）

销售员："不，是我昨天没为您讲解清楚，责任在我。如果您在使用过程中还有什么不懂的地方，尽管来找我。"

第二天，这位顾客又来找小李，不是为了别的，而是又买走了一台录音机。

场景中的销售员小李是聪明的，面对性格急躁的客户，他拿出了足够的耐心。的确，即便顾客表现得再不耐烦，也不能对顾客出言不逊。因为一个销售员的态度不仅关系到销售业绩，同时也代表着产品形象。对顾客时刻保持良好的态度，是一个销售员需要具备的基本素质。

生活中，可能我们有时候会刻意地避开脾气急躁的人，或者看他快要发作时及时"熄火"，但是我们可以和这样的人不打交道吗？当然不可能，我们生活在这个社会中，就是要学会和各种各样的人打交道，所以，与性格急躁的人沟通，我们需要做到以下几点：

1. 理解至上

你首先应该弄清楚的是，他为什么对你这样，是因为他性格的原因所以对所有人都是这样，还是因为你哪里得罪他了？如果是后者，你就应该从自身找原因；而如果是前者，那么，你大可不必放在心上，先对其冷处理，等对方心情好些，可能就将此事忘记了。

2. 一笑而过

其实，你自己也明白，急躁的人并没有什么心机，他们只是习惯了急躁。其实，也谈不上是好习惯还是坏习惯，就如同"你习惯在睡觉前喝点东西"，或者说"不喜欢工作的时候被人打扰"一样，大部分情况下，对方都是有口无心的，比如，你还没说完话，他就很没有礼貌地挂

断了电话，别跟他生气，一笑了之吧。

3. 事后解释

如果你和他是关系比较好的朋友，你又了解他，那么，你就要作出让步，在他急躁时不与之争执。倘若你不能做到这一点，你可以告诉自己"他就是这样的一个人""他是对事不对人"。总之，无论什么原因使他发脾气，你都不要当面和他较真儿。如果处理不当，只能是火上浇油，本来不会影响你们的关系，最后却使关系破裂，真的很划不来。如果有些话你憋在心里确实难受，就找个合适的场合，比如，一起打羽毛球时，或者某天一起出去喝酒时，都是不错的时机。

4. 加强沟通

其实，生活中的很多误会都是因为缺乏沟通引起的，尤其是那些脾气急躁的人，他们更不愿意静下心来沟通。因此，我们和他们打交道，就要学会主动与他们沟通，通过你们的深入沟通，他很可能改掉这种坏习惯。

5. 避免争吵

任何交流，一旦转化为争吵，就会影响双方的情绪，最终导致"双输"。另外，脾气急躁的人一般自尊心都会比较强，他们不会承认自己的错误，因此，你不妨大度一些，避免与其争吵。

总之，与性格急躁的人沟通，我们一定要保持良好的态度，不要总是将问题归结到对方身上，即便对方的做法欠妥，我们也要用友善的态度去打动对方。

如何与强势的人有效沟通

我们的周围有这样一类人，他们是天生的领导者；精力充沛、积极主动；急迫需要改变；意志坚决、果断；不易气馁、越挫越勇；自立自

足；不容他人有错，而且自己有错不容易认错；不愿意道歉；非常情绪化；充满自信，有独立运作的能力。这样的人，被称为性格强势的人。在这类人面前，我们似乎没有主动发表意见、行使权利的机会。于是，很多时候，与性格强势的人沟通，人们采取的是"以强制强"的方法，但最终却适得其反，也有一些人显得束手无策。其实，我们不妨采用冷读术，顺应对方的性格特点采取一些沟通技巧。

陈云在一家大型会展公司做行政秘书，这个工作一般不是很忙，因为会展工作由策划和执行部门管理，自己只需要做好总经理的行程安排工作即可。可实际上，事情远没有其他同事想象的那么简单，因为他的领导是个性格很强势的人，他布置的工作常常让陈云招架不住。

有一天，总经理要去拜访一位业界的老前辈，会面时间安排在下午一点钟。出发前，经理自然要做一些准备工作。于是，他对陈云说："你把我办公室里的手表拿来，我习惯了出门戴表。哦。对了，给杨老爷子的礼物没买，空手去见很不妥。另外，中午十一点之前，你去帮我买一瓶法国××牌子的红酒……"听到这些工作安排，陈云真是头疼，这个领导可真不好伺候！平时工作中，他总是对员工呼来喝去，而员工也越来越反感他。

陈云遇到的领导就属于强势型领导，在工作中，他们总是希望员工和自己一样，时刻保持充沛的精力，将每一项工作都完成得绝对完美。与这样的领导打交道，我们自然不能硬碰硬、拒绝领导安排的工作任务，甚至顶撞领导，而应该承认他的能力，始终鞍前马后，这样，才会赢得领导的信任和支持。

那么，我们应该如何与这类强势的人沟通呢？

1. 不要与他们作对

强势的人有个典型的性格特点，那就是希望周围的人顺从他们，为此，你若想和他们友好相处，就不要去做那些对抗他们的事。

2. 承认他们的决定是对的

强势型的人一般都认为自己所做的决定是对的，即使他们错了，为了面子，他们也不会承认，更不会向人道歉，但大部分情况是，他们似乎有一种天赋，在很多时候，他们的决定确实是对的，因此，当你无所适从、不知如何选择时，也可以听听他们的意见。

3. 承认他们是天生的领导者

他们的天性决定了他们总是处于操纵者的地位，他们通常都是想到就做，不会给自己太多的考虑时间。因此，如果你是他的下属或者与他们一起共事，你会发现，他们有很强的领导能力，喜欢对周围的人呼来喝去。其实，他们并没有恶意，他们只是能迅速找到解决事情的方法，并且希望大家立即去执行。如果你了解他们的思维，那么，你会很快适应并喜欢他们的行事风格。而如果你真的无法适应，就应该让自己也具备这种力量，坚定自己的立场，让他们也佩服你，否则，你就只能永远被他们使唤。

4. 坚持双向的交流

强势型的人虽然喜欢操控别人，但他们并不是不讲理，因此，与他们交流，你应该做到"坚持"，在听取对方的意见后，你应该表示感谢，然后对于不同的意见，你应该有理有据地进行反驳。如果你真的驳倒了对方，那么，他一般都会对你刮目相看。

5. 予以理解，他们并不是想伤害任何人

他们的做事风格、说话习惯都是想到什么就是什么，不太会考虑他人的感受，因此，在生活和工作中常常会伤了他人的心。其实，如果你了解他们，你就会明白，他们只是说话直率而已，并无恶意。

当然，你还应明白的是，他们也不是那种满心慈悲的人，他们更注重实际，因此，你不要指望他们会对周围的那些弱势群体给予同情，也不要希望他们会帮你一把。

6. 试着与他们划分责任范围

为了不与他们产生冲突，同时又能一起完成任务，你可以在任务开始之前就划分责任范围。强势型的人通常需要最实在的计划，并且不怕做事，但如果责任范围不清楚，就有可能引发冲突。

总之，对于这类喜欢以自我为中心、希望身边的人都围着他转的人，不管任何时候，我们都要主动与其接触，表现出对他们的敬仰，这

样，才能起到良好的沟通效果。

什么是和善型沟通心理

生活中，我们总是要与不同性格的人打交道，这其中，应该数那些性格平和的人最好相处，他们性格低调，相处起来没有压力。但与这种性格类型的人沟通，我们还是要掌握他们的一些心理特点，才能有的放矢。我们先来看下面的一个故事：

小崔是一名部门经理，做事大大咧咧，可是却遇上了一个事无巨细、心眼又小的老总，但他脾气好，从不对下属大呼小叫，但会拐弯抹角地说出来。

小崔最近很忙，也许正是因为她的忙碌，上司开始对她有意见了。有一天，上司说："你好像每天都很忙，但是我又不知道你在忙什么，有时有问题想问你，但是又不好意思问，怕耽误你的工作。"这话听得小崔一头雾水，上司走后，小崔的秘书笑着说："看老总这话说的，好像他是你的下属似的！"

秘书的话提醒了小崔。想想这段时间，工作是很忙。正是因为忙，所以她很久没有和上司沟通了，可是也不至于这么说。但是一想到平时老总待自己不错，也就算了。后来，她安排秘书为她做工作详细记录，第二天，她走进老总的办公室，说："总经理，这是我近来的工作进度，请您审查。"老总微笑着说："有进步啊！"小崔也报以微笑。

再后来，有一次，公司几个领导一起去度假，关于住宿安排的问题就交给了小崔。上司的意思是几个人住一起，但小崔打电话问了好多家酒店，都没有结果。小崔回了老总以后，老总居然说："这点小事一个秘书就可以办好，你堂堂经理都做不到？"小崔听了有点火，但也没表现出来。只好继续找。

万幸的是，她终于等到了他们隔壁房间的客人，小崔马上协商："我是航空公司的，我喜欢您的房间，您能不能让给我？"那位先生说："我凭什么让给你？"小崔说："您说得对，但我在隔壁替您找了一间套房，晚上可以看到夕阳，海面上波涛澎湃，远处有千帆点点，而且免费。"那位先生很疑惑地问："真有这回事？""对，我一定要您的房子。"小崔说。于是，那位先生拿着行李，领着孩子，挽着太太，换到了隔壁房间。

这个时候小崔回电给上司：四间套房全部找到，三楼，连在一起。上司此时说了两个字："谢谢。"

这里，我们发现，小崔的领导就是个性格平和且细腻的人，面对这样的领导，刚开始小崔都没在意，而让领导抓到了批评的理由，幸好她经秘书提醒及时发现，扭转了在领导心中的印象。

一般来说，性格平和的人有以下特点：

无攻击性；是很好的聆听者；尖刻的幽默；喜欢旁观；有很多朋友；有同情心；善于关心他人；平静、镇静、泰然自若；有耐心、易适应一成不变的生活方式；平静但诙谐；仁慈善良；隐藏内心的情绪；乐天知命，不求上进。

那么，我们应该如何与平和的人沟通呢？

1. 他们的骨子里对事缺乏热情

性格活泼的人和强势的人都希望别人对自己说的话有热切的反应，而平和型性格的人却对此很淡然，似乎就没什么事情能让他们觉得兴奋，因此，如果他们对你态度冷淡，你也不要见怪。

2. 遇到无法控制的事，他们喜欢逃避

他们性格平和，但不代表他们感受不到压力，面对压力，他们要么拖延，要么逃避，这是他们常用的自卫方式。

3. 给他们提供推动力

性格强势、工作狂型的人在工作上往往比较自觉，他们有自己的工作计划和目标，而平和型性格的人似乎对什么事都不急不躁，因为他们缺乏动力，需要朋友鼓励和帮助他们树立目标。

4. 迫使他们作决定

平和型性格的人一般都没什么主见，唯一让他们积极的，就是别人替他们作决定——做些什么，该怎么做。

5. 帮助他们制定目标并争取回报

当你学会了与平和型性格的人一起共事，你会发现，与其期望他们自己制定目标，还不如你帮助他们，因此，你需要比他们更积极，并学会在工作中担任主要职务。

6. 不要把过错都归咎于他们

平和人的多半都是安静的、不与人争执的，大家都喜欢与这样的人打交道，但也喜欢把责任都推卸到他们身上。但是作为他们的朋友或同事，我们却不能用这种方法来伤害他们的自尊，因为这样会使他们对你敬而远之，并让他们再也不敢担负起责任。

7. 鼓励他们担起责任

不要接受他们的第一声"NO"，而要向他们显示你对其领导能力的认可。

从这里，我们发现，与性格平和的人沟通也并非如我们想象的那么简单，但只要我们遵循以上几点技巧，掌握他们的性格特点并对症下药，就能够取得良好的沟通效果。

用一个秘密，交换一件心事

在我们周围，我们发现有这样一种现象：那些走得近或者关系硬的"死党"，通常共同拥有一个或者一些秘密。因为互相拥有秘密，才让彼此觉得更加信任。这一点，同样适用于与那些交情不深的人之间的交往。比如，有时候，我们可能产生与某人结交的愿望，此时，为了消除对方的防备之心，我们可以主动泄露自己的一些私密，这样，当对方觉得我们对其掏心掏肺之后，也就愿意向我们透露他的心事。那么，彼此间的亲密感也就建立起来了。

老陈从单位退休后，一直闲来无事，就把眼睛盯着女儿菲菲。不过话又说回来，菲菲已经28岁了，到了谈婚论嫁的年纪。于是，在父亲的逼迫下，菲菲只得把自己交了半年多的男朋友带回家。

这天，老陈准备了一桌子菜。菲菲的男朋友是个很害羞的小伙子，在饭桌上，只顾自己吃饭，甚至不敢抬头看未来的岳父。看到年轻人这么拘谨，老陈决定好好和这个小伙子谈谈。于是，他对菲菲和爱人说："厨房还炖着鸡汤呢，你们再去看看，别熬煳了。"

等二人离去后，老陈对小伙子说："小王啊，你别紧张，你就把这当自己的家。你现在的心情我也理解，当年，我在认识菲菲妈的时候，也去见了岳父，当时心里也是七上八下的，生怕表现不好，惹岳父生气……"老陈说到这里停住了。

小伙子问："那后来呢？"

"后来，菲菲他外公也对我说了同样一番话，我就不紧张了。因为这证明他老人家还是蛮喜欢我的。"老陈说完这番话，小伙子和老陈一起笑了起来。笑声引来了菲菲和母亲，母女俩不知道发生了什么事，问他们也不肯说。

令人高兴的是，老陈说完这番话，小伙子明显放松了，还主动向老陈敬酒。一顿饭吃下来，老陈笑呵呵地答应了两个人继续交往。

上面案例中的老陈是个很懂得与人拉近心理距离的人，面对拘谨的小伙子，他主动吐露了自己曾经见岳父的经历，一番话消除了对方的紧张感，双方自然亲密起来。

那么，具体来说，我们应该如何用自己的秘密去交换对方的心事呢？

1. 多强调你们之间的共同爱好和兴趣，以拉近心理距离

这里，你首先要了解对方的兴趣爱好，然后，你故作不知地提及自己的兴趣爱好，当双方在这一方面存在共同点之后，你们便不知不觉地拉近了彼此间的距离。

的确，若与对方有共同点，就算再细微的也要强调，人与人之间一旦有了共同点，就可以很快地消除彼此间的陌生感，产生亲近感。这样不但可以使对方感到轻松，同时也达到了使对方说出真心话的目的。但随着时间的推移，这种"热乎劲儿"很快就会过去，因此，你必须经常强调，这也有助于加深对方的心理认同感。

2. 在获得一定的认同感之后，再主动吐露自己曾经无关大雅的"糗事儿"

比如，当大家聊及过去的事情时，你可以一反常态，主动聊聊曾经的失败，这比谈自己的成功更易拉近彼此间的距离。因为总是炫耀自己的成功，容易让人产生反感，进而留下不好的印象。这样，首先在态度上我们表示了友好，对方就没有不接受的道理了。

3. 掌握一些语言上的技巧

使用"请教""帮我"等语气，较易获得对方的好感；常用"我们"这两个字可以拉近彼此间的距离。因为善用"我们"来制造彼此间的共同意识，对促进我们的人际关系将会有很大的帮助。

可见，人际交往过程中，交谈双方找到共同话题，可以消除你与他人之间的陌生感。对此，我们可以主动地表露自己的一些小秘密，这样可以让对方感觉到你的主动、大方、友好亲切，当对方对你的兴趣产生心理认同感后，就会与你一拍即合，达到情感的共鸣。

有策略的交流，让沟通更有效

我们都知道，人与人之间的交往，多半都是从沟通开始的，这个社会，谁也离不开与他人的沟通，如果你担任的是管理工作，那么，为了使企业或组织的所有人都能上行下效，你必须做好沟通工作；如果你是一名销售人员，你要想业绩良好，就必须学会与客户沟通；如果你已为人父母，教育孩子同样需要沟通；夫妻之间、家庭成员之间也只有进行良好的沟通，才能生活幸福、美满。

当然，沟通虽然处处存在，但却不是一件人人都能驾轻就熟的事，它是一门学问、一门艺术。懂得沟通、掌握沟通的一些技巧，能让你在与他人沟通的时候获得你想要的信息，能让你成功走进他人的内心世界，让你获得良好的人际关系。但在沟通中，我们应该注意到一点：沟通不是简单的聊天。即在沟通中，如果双方没有共鸣，你说你的，我说我的，其结果必然是不欢而散。

某公司从外企挖来了一名销售主管，他一上任就配了专车，月薪也比其他部门经理要多。

正是因为这样，这名主管的气焰很嚣张。说话行事都有点儿冲，把十几个人支使得团团转，下属对他不太服气，暗地里总是说他的坏话。这位主管也是个明白人，知道下属和他对着干，但他采取的不是怀柔政策，而是"镇压"方式。要求员工每天记录自己完成的工作所用的成本，即使用了几张纸、打了多少电话都要一一记录下来，作为月底考核的标准。这一招够狠，底下的员工一个个都忙得不可开交。不少人的心里很不服这种管理方法，整个公司怨声载道。

很明显，上面案例中的这位主管的管理方法是不对的，一个公司内部，上级与下属之间只有保持良性的沟通，上行下效，才能有助于各项工作的开展。

的确，有些人无论在生活中，还是工作中，人际关系都处理得非常和谐，就是因为他们掌握了有效的沟通技巧。那么，这些沟通技巧主要表现在以下几方面：

1. 融合声音、行为和文字三个部分

这是构成沟通的三个要素，虽然沟通的载体是文字，但据统计，它在沟通中所占的比例只有7%，事实上，占主导地位的是行为，它的份额是55%，剩下的声音占38%。从这些比例中，我们发现，要想沟通好，就必须同时重视这三个方面的要素，缺一不可。

2. 用真诚换取真诚

从心理学角度来看，真正有效的沟通必须是潜意识层面的，因为它在沟通中所占的份额是绝大多数的，也就是说，只有真诚地与人沟通，才能换取他人的信任和支持。

3. 注意你的沟通对象，到什么山上唱什么歌

针对沟通对象的年龄、性别、职位等的不同，我们在沟通的时候，应该采取不同的沟通策略。

4. 注意聆听

与人沟通，不能一味地"说"，还要"听"。而"听"，也不只是简单地听，还需要把对方沟通的内容、意思把握全面，这样，当你回馈对方的时候，才能与其想法一致。否则，如果你因为没有听清楚而急于表达自己的观点，那么，结果有可能无法达到深层次的共鸣。

5. 肯定对方

肯定对方，也不是简单地对对方说"是的""对"这些话，而是有技巧可言的。你可以通过重复对方话中的关键词来表达认同，甚至也可以重复对方说过的话，这就表示你在认真地听对方说话，是一种尊重和重视的表现，相信对方会对你产生好感的。

如果你的人际关系处理不好，你的同事朋友不喜欢与你沟通，或你不能很好地表达自己的观点，相信你在运用上述技巧后，你的沟通会更有效。

所以说，沟通要变得有效，必须需讲求语言的方式，"到什么山上唱什么山歌""入乡随俗"，这或许让人感到有些难以适从，但是，你必须学会调整状态，适当地改变交流方式，多样性的语言有助于使沟通者和不同的人对上话，进行深入交流，并且达到沟通的目的。

第4章 心理表达策略：如何说更妥帖

巧设悬念，激发对方好奇心

生活中，我们可能都有过这样的感触：与人交谈的时候，如果一开始我们就一本正经地表达观点，会给人生硬突兀的感觉，让对方难以接受；而如果在刚开始时卖卖关子，则能迅速地吸引对方的注意力，这就是冷读术中的"悬念法"。这种悬念是基于听者存在的一种悬念心理，这种心理的产生基础是听众对某种事物的认识有个大概的了解，但现在向他传达的则是已经变化了的事物，他们对此产生了关心的情绪，继而把一探究竟的想法急切地表达出来。

的确，人们都有好奇心，一旦有了疑虑，非得探明原因不可。制造悬念，能激发听者的强烈兴趣和好奇心，在适当的时候解开悬念，使听者的好奇心得到满足，从而使对方真正理解我们的意图。

有一次，陶行知先生在武汉大学演讲。他走上讲台，不慌不忙地从箱子里抱出一只大公鸡。台下的听众全愣住了。陶先生又从容不迫地掏出一把米放在桌上，然后按住公鸡的头，强迫它吃米，可是大公鸡只叫不吃。他又掰开鸡的嘴，把米硬往鸡嘴里塞。大公鸡拼命挣扎，还是不肯吃。最后陶先生轻轻地松开手，把鸡放在桌子上，自己向后退了几步，大公鸡自己就吃起米来了。全场鸦雀无声，听众的胃口被吊了起来。这时陶先生开始了演讲：

我认为，教育就跟喂鸡一样，先生强迫学生去学习，把知识硬灌给他，他是不情愿学的。即使学也食而不化，过不了多久，他还是会把知识还给先生的。但是如果让他自由地学习，充分发挥他的主观能动性，那效果一定会好得多！

这时，全场掌声雷动，听众不禁为陶先生精彩形象的开场白叫好。

陶行知在这次演讲中，是以展示物品开头的。因为每个人都有好奇心，如果心中一旦有了疑团，就非得探明究竟不可。为了激发起听众的强烈兴趣，可以在讲话之前，先拿出一件物品，肯定会让在座的听众都挺直身子。他们会猜想：他要表演魔术吗？这就引起了听众的好奇心。展示的物品可以是一幅画、一张照片或任何一件其他实物，只要有助于讲话者阐述思想，引起话题就可以。

那么，具体来说，我们应该怎样制造悬念，从而让对方快速记住我们的话呢？

1. 只提供部分信息，吊足对方的胃口

往往有时候，别人听你说了上半句话，就想知道下半句。但是你突然停住不说了，对方就有很强的好奇心，想知道后半句到底是什么。这就是一种好奇心。我们在表达观点的时候，也可以留一部分，给对方制造一种想要了解的好奇心。当这种好奇心在对方的心里不断地被翻起来的时候，对方就会产生主动了解的欲望，此时，你再适时表明，对方一定会记住你的话。

2. 即景生情法

我们在说话前，不妨以眼前人、事、景为话题，引申开去，把听众不知不觉地引入谈话之中。最好从当天当时的环境中看到听到的一个生动有趣的细节说起，然后过渡到自己的话题上来。这样即兴发挥，能给人耳目一新的感觉。

当然，即景生题不是故意绕圈子，不能离题万里、漫无边际地东拉西扯，否则会冲淡主题，也会使听者感到倦怠和不耐烦。

3. 对比设疑法

我们在说话前可以用强烈的反差、对比来引出自己的话题，以期在他人的心目中留下深刻的印象。这主要指以对比、对照和映衬之类的修辞手法，来引领和导入自己的话题。

曾经有个演讲者发表了一篇名为《论男子汉》的演讲，整个过程令人匪夷所思。

刚开始，听众对他的演讲感到很失望，甚至觉得他的演讲都离题了，因为他一口气讲了四个困难，让听众丈二和尚摸不着头脑。

他是这样开头的："其实，我根本不知道今天主办者的意图何在，这是我今天遇到的第一个困难；另外，这是我第一次来到贵学校，一切是那么陌生，这让我感到很局促，以至于我都不知道该说些什么了，这是我今天遇到的第二个困难；再者，前面的几位演讲者的演讲是那么精彩，大家也给予了热烈的掌声，我压力很大啊，这是我遇到的第三个困难；其实，我原本是带了演讲稿的，这样，当我紧张的时候就可以看一下，但现在的问题是，我却忘了带我的眼镜，这下子，我又遇到了我的第四个困难。"

听众们听完这些话后，觉得这个演讲者说的话太绕了，也只会耍嘴皮子。谁知道，当他说完这些以后，突然话锋一转，便说到了正题——"但是，我并不胆怯；相反，我充满了信心。我相信，既然我站到了这个讲台上，我就必定能够鼓起勇气，竭尽全力，让自己体面地走下台去！因为我选择了这样一个演讲题目——《论男子汉》！"

当演讲者说完，台下响起了热烈的掌声。

这里，这位演讲者是怎样将演讲效果渲染到最佳的呢？就是因为他采取了对比的方法，将一开始的"胆怯""为难"与后面的"信心"形成鲜明的对比和反差，巧妙、贴切而又风趣盎然，听来令人解颐。

总之，每个人都有很强的好奇心，都想解开未知的秘密。所以，在交谈中，我们不妨制造一些悬念，吊足对方的胃口，充分吸引对方的好奇心。当然，我们在使用设置悬念法时，不能故弄玄虚。这一方法既不能频频使用，也不能悬而不解。在适当的时候应该解开悬念，使听者的好奇心得到满足，而且也使前后内容互相照应，结构浑然一体。

看准时机再说话

中国有句俗语："最后的赢家才是真正的赢家，要笑就要笑到最后。"这句话一点也不假。同样，与人交谈，要想让你的话深入人心，就要懂得看准时机，在关键时刻阐明观点，才能出奇制胜，让对方心服口服。

孔子在《论语·季氏》里说："言未及之而言谓之躁，言及之而不言谓之隐，未见颜色而言谓之瞽。"这句话包含三层含义：第一层指的是在不该说话的时候却管不住自己的嘴；第二层指的是在该说话的时候却低头不语；第三层指的是不看具体的语言环境乱说话。

以上三种说话的毛病都是人们在沟通中经常出现的，归根结底都是因为没有掌握说话的时机、没有注意说话的对象和说话的技巧。为什么需要注意这些呢？因为沟通不是单方面的活动，而是相互的，不能只考虑到自己而忽视了对方。如果该说的时候不说，那么，你很可能就失去了说话的机会；如果你不注意对方的心情，那么，你可能会说错话；如果你抢着说，那么，对方会认为你不尊重他，甚至会引起对方的反感。

我们先来看看下面的一段销售对白：

销售员："你好，李小姐，我是平安保险的高级顾问，您的奖品需要投保吗？不知道您周末是否有时间，我给您送保单过去好吗？"

李小姐："你是谁？我的奖品？你怎么知道我的电话？"

销售员："您的电话是我们公司内部数据库中的。您联系的人一定很多。15分钟就行，您看可以吗？"

李小姐："什么奖品啊，到底是谁给你的电话？对不起，我很忙！"李小姐就这样挂断了电话。

上面案例中的销售员犯的一个大错误就是直入主题而没有创造机会，这会给对方一种感觉："我凭什么跟你做生意？我凭什么信

任你？"客户会犯疑："为什么要给你15分钟？陌生人打我电话有什么好事情？"好的开场白就是成功的一半，客户心里有困惑，销售员就不能取得客户的信任，销售根本无法进行下去。在客户愿意听下去时，电话销售人员若太快切入谈话正题，会冒犯客户。所以一定要抓住时机。

同样，生活中，我们在与人交谈的时候，也要选择合适的阐述观点的时机，并且有理有据，进而取得成功交谈的效果。对此，你需要做到以下几点：

1. 让事实说话

假如你希望对方接受你的观点、意见，就要让事实说话，因为事实充分会使你言重如山。"百闻不如一见，事实胜于雄辩。"若想使你的观点深入人心，就要善于运用事实造势。这种方法的重点就是：尊重客观事实，用事实说话。运用事实进行说服最能打动人心，最能使人信服。如果从心理学的角度来分析，人们的心理趋向是求真、求实，只有真实的东西，才是人们最相信的。

2. 把握时机，到事情顺风顺水的时候亮出你的观点

以打牌为例，在含有技术成分的打牌中，若你的运气很差，对手往往会察觉到并且玩得更好。因为他们不再把你视为一个威胁，你已经输了气势。此时，你应该更加保守。不到关键时刻，不要亮出最有分量的牌，因为牌局随时会停止。不要太早把手里所有的牌都亮出来，因为对方随时会出新的牌。

同样，陈述观点也是如此，在关键时刻亮出你的观点，才能让人印象深刻。

3. 选择对方心情愉悦的时候表达观点

无论是对人提建议还是批评指正，很重要的一点就是一定要注意时机和场合，以便使对方更能用心地领会你的意见，而不会对你产生反感。

有见识的下属，大都会在与上司随意交流，甚至是休闲娱乐时，逐步启发、诱导上司，使自己的种种想法得以实现，并使自己成为领导者不可或缺的"宠幸"之人，发挥着巨大的甚至是无可替

代的影响力。

现代心理学证明：人在情绪不佳、心有忧惧等低落状态下，较之平常更容易悲观失望、思维迟钝且惰于思考，情感波动大并易产生过激行为。因此，千万不要在领导情绪不佳时进言；同时，也启示我们，在领导情绪高涨、比较兴奋时提出建议则会取得更好的效果。

当然，要想让对方接受你的观点，在谈话过程中，我们还应该适时地卖卖关子，为此，你必须谨记：

（1）隐藏好自己的情绪。你要让自己的声音和身体语言，听起来客观一点，不要带有太多的情绪。在亮出观点前做好准备，锻炼自己的心志。

（2）话不能太多。当人们滔滔不绝时，就是给人评量的机会。长篇大论的报告，会让对方清楚你的立论根据，也更容易找出你的弱点。

总之，说话得体，是一门艺术，只有面对不同的语言环境随机应变，才能取得最佳的表达效果。要想把话说得恰到好处，最重要的一点就是把握住说话时机。这个过程需要充分的耐心，也需要积极地做好准备，等待条件成熟。

否定句的妙用

生活中，我们都有过这样的体验，如果一个经常与你作对的人突然主动向你示好，你会觉得受宠若惊，甚至欣喜若狂；而如果一个人自始至终都对你很友好，你会觉得理所当然。这就是两种不同的心态。同样，与人交谈，我们若想让他人接受我们的观点，一直以肯定的语气陈述，对方会觉得不以为然，若先否定再肯定，那么，就会更容易让对方接受。

活学活用心理策略

有一则关于唐伯虎的民间故事说的就是这个道理：

一豪绅大摆筵席为老母祝寿，唐伯虎作为四大才子之首，理当赴宴。酒酣耳热之际，众宾客纷纷祝贺，说了许多喜庆的贺词。这时，再美好的辞令也显得很平常。唐伯虎为了激起现场的气氛，开始说了一回"耸人听闻"的话，他向主人献了一首诗。唐伯虎对着寿星慢悠悠地念道："这个婆娘不是人。"

听完第一句，大家都震惊了，大家以为唐伯虎醉酒失礼，都不知该怎么办。唐伯虎接着慢条斯理地念下去："九天仙女下凡尘。"

宾客拍掌称绝，果然，才子不是浪得虚名。唐伯虎又念："生下儿女都是贼。"

刚缓和的神经又绷紧了，大家又被镇住了，鸦雀无声，听他念下一句："偷得蟠桃献母亲。"

唐伯虎在公众场合露的这一手，别出心裁，自然语惊四座。

唐伯虎采取的语言方法就是先否定后肯定，这远比满篇的溢美之词更能起到好的作用。我们在生活中，对以下的这些话应该不陌生：

"我说实话，您别生气啊，开始我觉得你这人有些假清高，不合群，但交往时间长了，我发现你其实是挺随和的一个人，以前还真是我看错了。"

"我记得以前你脸上有好多雀斑，现在皮肤怎么这么好？"

"他以前学习也不怎么样，现在却成功且富有。看样子，还是智力原因啊！"

人们之所以这样说，否定别人"以前怎样"，肯定别人"现在怎样"，是为了形成一种心理对比，讲述别人过去的"低下"，是因为别人现在已经变得"高贵"，而且过去的艰苦的经历更能凸显现在成就的来之不易，也就更能满足对方现在的成就感和优越感。

美国心理学家阿伦森·兰迪做过一个试验。他把被测试者分为四组，对他们采取不同的态度，得到了被测试者不同的反应：

对第一组被测试者始终否定（−，−），被测试者表现为不满意。

对第二组被测试者始终肯定（＋，＋），被测试者表现为满意。

对第三组被测试者先否定后肯定（－，＋），被测试者表现为最满意。

对第四组被测试者先肯定后否定（＋，－），被试测者表现为最不满意。

从这个实验中，心理学家得到了一个心理规律，就是：在对别人进行肯定或否定、奖励或惩罚时，先否定后肯定，最容易给人好感；相反，先肯定后否定，则给人的感觉最不好。

我们把这种先否定后肯定，先抑后扬能给人最好的感觉的心理规律称为"欲扬先抑定律"。

同样，生活中，不光是赞美别人，在阐述观点时，我们也可以采取这种方法，先否定再肯定，会让对方更易接受我们的观点。那么，"先否定后肯定"时，我们应该注意什么呢？

1. 把基点拉低

这一做法比较适合"制造螺旋式的上升的心理曲线"这一原理，因为起点拉得越低，对方心理落差就越大，对方就越容易真正接受肯定的观点。

2. 保存自己

话不是一次可以说完的，本事也不是一次就能显尽的。这就是说，即使我们肯定某个观点，也应该循序渐进。比如，聪明的售货员，当他称货时，不是先抓一大堆放在秤盘里再一点点地拿出，而是先抓一小堆再一点点地添加。表明的也是这个道理。

3. 先否定后肯定

前面的否定是为了后面的肯定做铺垫，所以，如果前面抑得过低的话，后面必须扬得意外，才会有好的效果，否则，也会引起对方的不快。

总之，我们与人交往，要懂得从否定到肯定更容易制造出肯定语气，也更容易得人心！

学会提问，引导对方发言

我们都知道，人是世界上最聪明的动物，有时候，人的聪明可以用"狡猾"来形容。我们在与他人谈话、表达自己观点的时候，也可以利用自己的小聪明。为了让自己的话更深入人心，我们可以变化一下陈述问题的方式——由直接陈述变为提问式，由对方得出结论，他会更加印象深刻。

乔治有一家自己的公司，他的公司专为其他公司提供销售人员和管理人员。在一个星期五的下午，他和他的老同学有一个约会。那天天气很热，当他到达约会地点的时候，发现自己早到了20分钟。为了不让这20分钟白白浪费，他决定找个客户进行推销。

乔治看到他所在的咖啡厅对面有一家规模比较大的汽车销售公司，于是，他准备去试试。

经过询问，乔治发现老板并不在公司，而是在对面的接待处。于是，乔治来到接待处。他看到汽车销售公司的老板正在和自己的部下商量事情，乔治敲门进去，问道："我想您现在应该在谈如何增加销售额，如何让公司业绩提升吧？"

"年轻人，您找我有事吗？今天可是周五啊，又是午饭时间，你为什么会选择这样一个不恰当的时间拜访我呢？"

乔治满怀信心地盯着对方说："您真的想知道吗？"

"当然，我想知道。"

"好吧，我陈述一下我的目的，我到这儿原本是约了朋友，但我早到了20分钟，浪费时间不是我的原则，所以，我想来做个访问。"稍作停顿，乔治又压低声音问："贵公司大概没有把这种做法教给销售员吧？"

这位汽车销售公司的老板听完乔治的话，立马改变了自己的态度，稍作停顿后，他微笑着对乔治说："多亏你，年轻人，请坐吧。"

这里，我们发现，乔治能让客户在百忙中接受他的访问，就是因为他运用了这种"很简单，但却很狡猾"的提问方法来赢得了客户的好感。同样，在与人交谈的过程中，如果我们采用这种方法，远比直截了当地告诉对方我们的观点更有效。

那么，具体来说，我们应该如何提问呢？

1. 快速熟悉对方，消除陌生感，为提问作铺垫

如果事先你没有向对方谈你自己的情况就随便询问，一般情况下，他可能并不乐意回答你的问题。而如果我们懂得消除陌生感，是可以使对方与我们合作的。

2. 应注意提问内容，不要问对方难于应对的问题

不应询问超过对方知识水平的学问、技术问题等，也不应询问对方难于启齿的隐私，以及大家都忌讳的问题等。

3. 注意发问的方式

查户口式的一问一答只能使友善的空气窒息。提问的人应对发问进行方式设计。比如，来了一位东北客人，你若这样问："你是东北人吧？""你刚到北京吧？""东北比北京冷吧"等，对方恐怕只好一次又一次地重复"是"。这不能怪客人不健谈，而是对于这种笨拙的发问也至多只能回答到这个程度。如果你换一种问法："这次到北京有什么新的感触？""东北现在建设得怎么样？有什么新闻？"这样的话，对方不但可以介绍一些你所不了解的新鲜事，还会让客人能充分叙述自己的感受而使交谈气氛自然融洽。

同时，如果你提的问题对方一时回答不上来，或不愿回答，不宜生硬地追问或跳跃式地乱问，要善于转移话题。如果对方仅仅是因为羞怯而不爱谈话，你应先问点无关的事情，比如，问问他工作的情况或学习的情况。等紧张的空气缓和了，再引入正题。

活学活用心理策略
huoxue huoyong xinli celüe

如何巧妙获得对方的认同

心理学上有个著名的"巴南效应",它的含义是如果有一段关于性格特质的描述,而这段描述模糊并倾向于正面,可以用来形容每个人,那么每个人都会以为这是在描述自己的性格。人们一听到"你渴望受人喜爱""你其实拥有浪漫的一面"等叙述时,几乎没人会否认或表示"这种说法好笼统",大多数人会说"没错没错"并坦率地接受。相信算命的现象也属于"巴南效应"。尤其对方若是著名的"算命大师",说服力更大。

1949年,心理学家培特郎·福特瑞做了一个实验。他聚集了一批学生,让他们做一个性格诊断测验。几天后,他把诊断报告交给学生,再统计学生对诊断结果的有效度评定——"你认为报告说中了多少分?"总分是5分,学生们的评定平均是4.3分。也就是学生们认为诊断报告的准确率是86%,其中有41%的学生甚至评价为:"这份报告完全吻合我的性格,这份测验真了不起!"

其实,福特瑞交给学生的诊断报告是完全相同的,而且是从车站小商店买来的算命杂志的文章中,挑选了几个句子拼凑而成的。

福特瑞真正的目的,是想证明"人的自我评价是不可靠的"。为什么学生会被蒙骗呢?

那是因为福特瑞说:"这份报告是你的测验结果。"当学生听到"这是只为你"准备的报告时,心理上就被卷入情境中,而不能做到"这东西是不是适用于任何人"的客观判断。

这就是"巴南效应"的由来,时隔30年,据说又做了一次同样的实验,结果还是一样。时至今日,人们仍持续被同样的原理蒙骗。而且因为受骗者并没有察觉,所以以为只有自己没有受骗。

反过来想想,我们在与人交往、希望获得他人的认同时,也可以运用"巴南效应"这一技巧,曾经就有一名检察官将这一效应运用到了办

案上。

他叫杨李忠，在江苏省九里区检察院反贪局任侦查一科科长。从事这一行已经15年了，如今的他已积累了很多战术经验。但对于每一次培训，他都相当重视，2006年的一次培训课程让他接触到了"巴南效应"这个心理学词语，引起了他的极大兴趣。工作时，没想到他居然还将这一效应充分地发挥了作用。

一次，他所在的检察院接到群众举报，说某矿行政科科长董某指使会计做假账贪污公款。接到线索后，杨李忠迅速赶往现场进行调查。在侦查过程中，一个姓刘的会计引起了他的注意。根据他多年的经验，他确定这个神色慌张、说话吞吞吐吐的会计绝对有问题。于是，他决定试探一下这个会计，在得到上级同意后，他便开始了自己的计划。

杨李忠让自己的下属全面调查了这个刘会计，原来他是个老实本分的人，家里还有两个孩子在上大学，因此，经济上有点困难。杨李忠好像知道问题出在哪儿了，于是，他首先对刘某进行了政策教育和亲情感召。

杨李忠先和刘某聊起了家常，尤其是经常谈起他的儿子，对此，杨李忠注意到，刘某的眼里流露出欣慰的眼神，但却有一丝无奈。杨李忠觉得时机已到，就继续说："如果我是单位的现金会计，那么，单位的任何一笔款子，我都会留意，无论是领导还是个人，他们做了假账，我也会留下一些痕迹；如果领导逼我做假账，为了给自己留条退路，我也会留一些证据；如果通过做假账套取现金，或者将现金以个人名义存入银行，那么检察机关很容易查到……在大量的证据面前，我只有如实交代自己的问题才能争取主动，以减轻对自己的处罚。"

杨李忠说的这些，刘某全都听进去了，并且开始思考自己的行为，渐渐地，他惭愧地低下了头，后来，又变得有些躁动不安，最后终于招架不住了。

这次谈话只进行了一个多小时，但在杨李忠各方面的"劝谏"下，

刘某陆续交代了自己在任职期间，因为受科长的指使，伙同另外一个会计模仿他人笔迹私分职工工资、抚恤金10余万元，以及与董某（另案处理）做假账侵吞公款30余万元的犯罪事实。

很快，杨李忠和他的同事们立即行动，在董某家中搜出赃款20余万元，其他涉案人员也相继落网。

在没有任何直接证据的情况下，"意外"地突破刘某，可以说，这就是"巴南效应"的作用。从这个案例中，我们可以得出一个结论：要想获得对方的认同，便可以利用人的这一心理特点，让对方产生一种"这说的就是我"的认同心理，那么，我的目的也就达到了。

选择性的问题让对方印象更深刻

在法庭上，法官似乎有一套自己的问话策略。他会这样问嫌疑犯："你是否已经停止殴打被害人了？"此时，如果嫌犯回答"是"，则表示他曾经殴打过受害者，如果他回答"没有"，就表明他还在对被害人进行人身伤害。而事实上，这位嫌疑犯并不一定真的伤害过别人，但面对法官的这种问话方式，他只好不打自招，因为法官的提问中，已经设置了一个前提，那就是"你曾经殴打过受害者"，无论怎样回答，这名嫌疑犯都会被法官误导，进而接受法官的问话。

可见，日常生活中，我们在与人谈话的时候，不妨也运用这一冷读术技巧，只要我们能善加运用，就能收到满意的效果。

一位保险销售员去拜访客户，见到客户，他说："保险金您是喜欢按月缴，还是喜欢按季缴？"

"按季缴好了。"

"那么受益者怎么填？除了您本人之外，是填您妻子还是儿子呢？"

"妻子。"

第4章　心理表达策略：如何说更妥帖

"那么您的保险金额是20万元，还是10万元呢？"
"10万元。"

二选一的提问方式，会让销售员在无形中给客户作了购买的决定。销售员在推销的过程中，当发现客户有购买意向，但又犹豫不决拿不定主意时，销售员应立即抓住时机，采用这样的提问方式。销售员不必询问客户买不买，而是在假设他买的前提下，问客户一个选择性的问题。其实聪明的发问者总是预先埋下伏笔，让对方在不知不觉中陷入语言的陷阱。因为这是一种使用"是"或"不是"就可以回答的问题。如果你前两个阶段完成得不错，在这个阶段就将得到"是"的答案。

事实上，在销售活动中，销售员经常会这样向客户发问。销售人员应该将产品可能引起的异议进行分类，让客户自己从中选择一个或几个。

例如，推销员可以问客户："您好，我们的产品有哪些问题让您觉得不太符合您的需要呢？是样式、体积、重量还是口味……"

在某酒店里，来了一对尊贵的夫妇。酒店服务员想为客人推荐酒店的特色菜。于是，她这样问客人："您要不来点我们这儿的清蒸鲍鱼？"但似乎她的问话效果并不明显。于是经理亲自为客人点菜，准备推荐酒店的海鲜。她这样问客人："您今天是要一份海鲜还是两份？"客人的回答是两份。就这样，服务员们也掌握了经理的问话方式，于是，酒店的海鲜成了最畅销的菜。

面对酒店经理的这种问话方式，大多数顾客都会择一而答。可见，"误导策略"也是一种很有效的促销手段。同样，误导式的问话方式，在人际交往中也可以为我们所用。比如，有位朋友到你家做客，你不知道他是否要留下来吃饭，想问一声又怕为难朋友，此时，不妨问："今天想吃什么？是中餐还是西餐？"

当然，用这种策略发问时，有我们需要注意的地方，不是所有人都会掉进我们设置的"语言陷阱"，我们要注意对方的年龄和身份以及文化修养与性格特征，有人为人热情爽快，有人性格内向，有人马马虎

虎，有人谨慎小心。每个人的性格不同，气质必然相异，如果没有考虑这些条件而随便发问，便会导致意外的状况发生。

事实上，很多人在发问和回答问题时，都受到对方发问角度和方式不同程度的影响。而我们要想将这种策略运用自如的话，首先就要打破这种思维的障碍，多角度思考问题，并注意自己的表达方式，这样，一定能起到良好的效果。

第5章 心理暗示策略：潜移默化传达意见

如何让对方跟着你的思路走

生活中，我们经常会遇到这样一种难题：我们苦口婆心地劝说某人选择某项事物，但对方却疑虑重重或者心存芥蒂而与我们"唱反调"，此时，我们该怎么办？其实，我们完全可以操纵对方的选择，只要我们能熟练地使用"巧妙法则"。曾经有一个关于A箱和B箱的实验。"A箱和B箱"是曾经在电视或研讨会上所做的表演，演示者的目的是让大家理解潜意识在沟通方面的重要性。

"请你想象一下，这里有两个箱子，A箱和B箱。"演示者用手势指了指两个想象的箱子的位置。

"请你凭直觉立刻想象其中的一个箱子。"

被要求的人，会立刻回答说："嗯，A箱。"

"为什么选择 A箱？"

"没什么，就是觉得……"演示者面带微笑，非常理解地点头。

"你以为是自己选择了A箱，其实不然——是我叫你选择A箱的。"

"你叫我选的？什么意思呢？"

后来，很多演示者都做过这样的心理控制实验，总是有很多志愿者参加。其实，我们也可以轻易地让对方选择你所指定的箱子，秘密就在于你用手势指示箱子位置的时候。我们可以先用左手指示"这里是A箱"，再用右手指示"这里是B箱"，然后放下双手。接着问："如果要立刻选择的话，你会选择哪一个？"而在说到"立刻"时，要大胆地

举起左手指示A箱的位置。如此，"A箱"的印象就会跳进对方的潜意识里，被迫用直觉选择时，"A箱"较容易浮现在脑海。当然，对方在意识上完全不会察觉，所以会以为是自己无意中的选择。

可见，利用潜意识，沟通超轻松。如何？是否觉得有点可怕？我们都是这样，可能在不知不觉中受到他人的操纵。而是否知道这种状况可能会导致不一样的人生。

这种沟通方式就是一种暗示，生活中有大量的话不用直接说出来，可以用其他暗示的方法表达，暗示是生活中最常见的一种特殊心理现象。它是人或周围环境以言语或非言语的方式向个体发出信息，个体无意识地接受了这种信息，从而作出一定的心理或行为反应的一种心理现象。巴甫洛夫说过：暗示是人类最简化、最经典的条件反射，可极大地诱发人的潜能。

那么，具体来说，我们应该如何通过"巧妙法则"来暗示对方呢？

1. 语言暗示法

这是暗示的最普遍的方式，因为通常情况下，当人们用直接的语言无法表达的时候，最先想到的都是隐晦的语言，以此来旁敲侧击，表达自己的主观意愿。

同时，暗示的目的是调动潜意识的力量，让对方作出我们希望得到的选择，因此，暗示的语言首先要精练，不能用复杂的语言进行描述，因为人的潜意识一般不懂得逻辑，喜欢直来直去。其次，一定要使用积极、肯定的语言，用肯定句进行暗示，消极的语言暗示恐怕会适得其反。

2. 动作暗示

人的肢体发出的各个动作，是人的第二语言，在表达方面有时候比语言更有效。因为人的一举手一投足，一回眸一顾盼，都能表现特定的立场，表示特定的含义。"A箱和B箱"这一表演便是动作暗示得到的结果。

就拿手来说，手的动作更能起到间接沟通的作用：如果对方伸出手来表示想与你握手，而你也伸出一只手握住它，那就暗示了你的交

往诚意；若你伸出两只手紧握它，那就暗示了你的热情；若是你懒懒地握住对方的手，或者干脆舍不得伸出手去，那就意味着你不想与他交朋友。

因此，我们在与人交往中，当有些话不适合说的时候，不妨借助你的肢体语言来表达，一般情况下，对方都会明白你的暗示。

3. 眼睛也是传神达意的最好的身体部位

正如人们常说的，眼睛是心灵的窗户。如果对方在表达意见时，你双目发光，瞳孔放大，表明你对对方说的话很感兴趣，且赞同。而如果你的眉毛挑高，眼睛四处张望，则表示你对对方意见的不屑……

4. 空间暗示

这种暗示方法指的是语言暗示和动作暗示外的其他暗示法。

比如，现在社会上出现的一些送礼的现象，因为送礼的人不好当面求人办事，于是，一般都会送点小礼，如果对方收下了，就表明对方答应办事。通常情况下，这种方法比正面要求效果要好得多。

还有一种情况，有些下属对领导的工作不满，如果当面说，肯定会得罪领导，甚至危及到自己的工作，于是，这些聪明的下属都会选择写封信或者发个电子邮件，直陈事情的要害。领导权衡利弊后，都会作出明智的决定，并且此举也有利于增进上下级之间的关系，提高员工的工作积极性，发掘部下的潜能。

可见，在日常生活中，我们要学会暗示，掌握一些暗示的方法，那么，我们便能轻松影响甚至掌控他人的决定！

通过暗示，拉近彼此距离

生活中，我们与人交际的时候，尤其是与初次见面的人交谈，彼此的戒备心都会比较重，都是"戴着面具"交往的。这种交往方式一

般只停留在表面，有碍于双方感情的增进，因此，我们首先要做的是摘下对方的面具，打消对方的顾虑，要让对方觉得你是一个诚实友好的人。

俗话说："害人之心不可有，防人之心不可无。"中国人素来以"小心驶得万年船"的社交心态与人交往，的确，生活中，有一些人的社交目的太过功利，因此，人们在与之交往的时候，不得不"戴着面具"，这也给我们的社交生活带来难度。我们要想走近对方，就必须采取一些摘下对方面具的心理策略，如果我们能采取暗示法，告诉对方你与他是同类人，必能拉近彼此之间的距离。

在心理策略中，有一个慢慢打开心扉的办法，叫做使用"同调"语言，也就是在谈话中尽量模仿对方所用的特殊字句。对方说："今年想向各种事情挑战看看。"那么，你在交谈时就要尽量使用"挑战"这两个字眼。例如，一边看菜单一边说："我平常有点怕喝日本酒，但是今天决定'挑战'看看。""这道菜只看名称实在不知道是什么，不如'挑战'看看吧！"如果是工作上的事，就说："现在的工作对我来说，相当具有'挑战性'。""我最尊敬有'挑战'精神的上司了。"

每说一次"挑战"，对方对你的好感就会增加一层。通过好感的累积，对方的心情就会越来越好，对你越来越信任。为什么呢？因为和对方说同样的话，能暗示对方你们是同类人，对同一个问题有同样的看法，对方自然愿意与你深交。

总之，要想得到对方的信任，让自己的话更有说服力，只要想办法让对方把自己视为"自己人"就行了。"自己人"的含义就是同类人，也就是说，这样的经历我也有过，你的错误我也犯过，你这样的想法我也有过……一个人，一旦认为对方是"自己人"，则会另眼相待，这就是"自己人效应"。"自己人效应"与社会心理学中的"喜欢机制"一脉相承，人们喜欢那些和他们相似的人，那些经历、价值观、态度等与自己相似的人。

那么，具体来说，我们应该怎样暗示对方我们是同类人呢？

1. 主动沟通，表现社交品质，随时让人感觉友好亲切

如何与初次见面或者只见过几面的陌生人拉近彼此间的距离是社交生活中的常见问题。要做到这一点，就必须尽快地表现出你的友好和随和，这样，人家也乐于接受你，从而产生亲切感。

生活中，有些人总是担心自己不善言辞，生怕因此备受冷落或者让别人嘲笑，于是，他们一般选择沉默，但其实这种担心完全没有必要，一个人的社交态度才是最重要的，即使你不善言辞，但你热情的态度同样会打动对方。

2. 努力营造一种轻松愉快的气氛

我们在与陌生人交往的时候，首先要做的就是使对方放松，我们要从自我做起，谈话要直率而坦然，使对方不感到拘谨。尤其是对那些比较害羞，很不习惯同陌生人谈话的人，我们的语言要随和。另外，我们要多听少说，多给对方表达的机会，你的眼神要随时表现出你对他的理解、信任和鼓励，而不是怀疑、挑剔和苛求。一道严厉的目光，会使对方把只说了一半的话吞回去。

3. 寻找共同话题

寻找并强调双方的共同点，会增加彼此间的亲切感。同时，当双方对同一话题感兴趣时，也更容易产生进一步交往的愿望。

4. 重视对方的谈话，显出你的关心

每个人都期望得到别人的了解和关心，这是人的最基本心态，当我们向对方表示关心的时候，并不需要过分地表现出来，因为通常情况下，隐匿的关心更有效果，比如，我们可以重复别人说过的话："以前，你曾说过……"特别是当你说出了对方的兴趣或嗜好之后，对方会因你对他的重视而感到欣喜，马上打消对你的戒备，由此增进彼此的关系。

日本政治家河野一郎就非常善于使用这个技巧。

1959年河野一郎在欧美旅行时，在纽约与多年不见的好友米仓近不期而遇。双方互道近况，知道彼此都已成家，并留下了国内的住址和电话。当晚一回到旅店，河野一郎便打国际长途给米仓近太太："我是米

仓近的老朋友，我叫河野一郎，我们在纽约碰面了，他一切都很好。"米仓近太太为此感动了很久，两家的关系很快就亲近起来。

5. 要注意某些信息的保密性，不可"全抛一片心"

生活中，有些人在与人交谈的时候，不善于把握分寸，几句话一聊或者三杯酒下肚，就"酒后吐真言"，把什么秘密都吐露出来了，对自己乃至所在的集体产生了负面影响，这是得不偿失的。因此，我们在与对方沟通时，也应该考虑到所交换信息的"性价比"，对那些不能吐露的信息，一定要咬紧牙关。当然，交谈的这些资源也应该对交谈对方有一定的作用，那些无关痛痒的资源则显得我们没有诚意。

好处需要暗示

现实生活中，人际交往并不是完全脱离利益而存在的，比如，有时人们参加社交，就是为了获得一定的资源。我们在选择话题的时候，如果能从人们的这一心理出发，主动给予利益上的诱惑，那么，对方一定会上钩。举个很简单的例子，当我们需要请朋友吃饭，以获得他们的帮助时，才意识到与对方的关系并没有那么深厚，如果你直接邀请，很可能让对方觉得你是有利可图，也会随便找个借口拒绝。若我们能委婉一点，先找一个能诱惑对方的理由，比如，我们如果告诉同事："今天晚上我们公司的张总可是会来哦！"再或者我们告诉普通朋友："这次的晚宴，我们挑选的是你最喜欢喝的××，你去不？"在这样的利益引诱下，我们成功邀请的可能性就会大很多。

暗示利益的存在，是一种心理技巧，只要我们善加运用，一定能获得很好的暗示效果。

杨凡是北京某公司的市场部经理，最近，他决定拓展上海市场。他在上海有个朋友，能在这方面给他提供很多建议。虽说是朋友，但实际

上，他们只是大学时期的同班同学，毕业以后，就没怎么联系。杨凡不知道怎么才能把这位朋友请到北京来，好好地请他吃顿饭。后来，他的妻子给他支了一招。于是，他给这位朋友发了一封邮件，内容大致是这样的：

在北京北海公园琼岛对面，有一家老饭店，这家饭店一直沿袭的是清代宫廷菜的烹饪方法，但奇怪的是生意一直都不好。

后来，这家饭店的负责人经过一番调查发现，很多游客尤其是外国游客对中国皇帝的饮食起居很感兴趣。抓住这一点，他决定将饭店的饭菜以"皇帝吃过的饭菜"为宣传点，大肆进行宣传，并且，将店内的每一道菜都编出一个故事，并让服务员背下来。在服务员上菜、客人点菜的时候，服务员就会说出这道菜的由来。就这样，这家店的生意一下子火了起来。

一次，美国华盛顿黑人市长在这里举行答谢宴会，席间，服务员端上来一盘点心，彬彬有礼地介绍说："曾经慈禧太后夜里梦见吃肉末烧饼，而第二天早上，厨师给她准备的正是肉末烧饼，她很高兴，因为这不就是心想事成吗？今天大家吃的也就是这道'心想事成'的原型，愿大家也能事事如意，步步吉祥。"这一席话让在场的所有客人都变得心情大好，这位黑人市长高兴地敬了服务员一杯酒，说："下次来北京，愿意再来你们这里做客！"

这位朋友在看完这个故事后，立即就对故事中的那个饭店产生了兴趣。于是，他决定亲自去北京看看这家饭店，去尝尝这家饭店的菜。

后来，杨凡和这位朋友在这家饭店见了面，两人一见面就聊起了很多大学时代的趣事，关系好像比大学时代更亲近了呢。

在这则案例中，是什么吸引了这位朋友，让他愿意接受邀请？是一道小小的菜肴！一道与宫廷故事有关的点心，因为这道点心具有另类的文化意义。可见，我们邀请他人来饭局，人们的这种"好奇心"也是我们"利诱"的一个方面。

那么，具体来说，我们应该如何"利诱"他人呢？

1. 找到对方最关心的问题，进行"利诱"

不同的人，关心的问题不同，能对其起作用的点也就不同。也就是说，我们利诱对方，要分清对象，比如，销售过程中，有些客户比较爱贪便宜，那么，你可以暗示他会有某些小礼品赠送；请客吃饭中，有些人比较重视赴宴的有哪些人，我们可以告诉对方饭局上有某个名人、有某个权威专家、有某行业的精英或者有对方特别崇拜的人，一直想认识的人……

2. 所"利诱"的条件应属实

若对方答应我们的请求，是因为我们加以利诱，而当对方发现我们的承诺并不属实时，自然会心生不悦。这样，我们暗示的目的也就难以达到了。

总之，当今社会，任何人都逃不出利的引诱，暗示利益的存在，能让对方上钩，我们的目的也就在无形中达到了。

如何正话反说

人际交往的过程中，有时候，我们苦口婆心地正面说服似乎总是达不到预期的效果。我们可能忽视了一点，那就是人们都有不服输的逆反心理，越是被否定，越是要证明自己；越是受压迫，越是要反抗等。因此，我们不妨反其道而行之，采用正话反说的暗示方法，诱导对方进入"圈套"，从而使对方心知肚明。

秦朝的优旃是一个有名的幽默人物。有一次，秦始皇要大肆扩建御园，多养珍禽异兽，以供自己围猎享乐。这是一件劳民伤财的事，但大臣们谁也不敢冒死阻止秦始皇。这时能言善辩的优旃挺身而出，他对秦始皇说："好，这个主意很好，多养珍禽异兽，敌人就不敢来了，即使敌人从东方来了，下令麋鹿用角把他们顶回去就足够了。"秦始皇听了

不禁破颜而笑,并破例收回了成命。他的话表面上是赞同皇上的主意,实则是说如果按皇上的主意办事,国力就会空虚,敌人就会趁机进攻,而麋鹿是没有能力用角把他们顶回去的。这样的正话反说,因为字面上赞同了秦始皇,优游足以保全自己;而真正的含义,又促使秦始皇在笑声中醒悟,从而达到了他的说服目的。

在应酬中,如果我们反对他人的意见,但又不想因此得罪人,把气氛搞僵,不妨运用这种正话反说的语言,既不伤对方的面子,又能收到想要的效果。

的确,正话反说就是运用隐晦的语言旁敲侧击,以此来表达自己的主观意愿。

一天早上,在上班高峰期,一辆公交车上挤满了人。突然,一个急刹车,一个老人一不小心踩了旁边的姑娘的脚。年轻人脾气大,姑娘立即说了一句:"你个老不死的!"

车上的人都看着姑娘,也都想听听老人是怎么回答的。没想到老人一点也没生气,反而笑着说:"谢谢!谢谢!"

老先生为什么这么回答?车上的人都糊涂了。人家骂他"老不死的",他不但不生气,反而乐着说"谢谢",想必是老人已经老糊涂了。

此时,就有一人问老先生:"人家骂你,你还谢人家,这是为何呢?"

老先生说:"她哪里骂我了?她这是祝福我呢,她说的这句话,第一说我老了,第二说我不会死,这不是给我祝福吗,我不应该感谢她吗?"听到此话,周围的人都笑起来,而姑娘也惭愧地低下了头。

事实上,老先生的做法是对的,他运用的就是正话反说的语言暗示法,面对年轻姑娘的无礼,他心中肯定不满,但却没有当即用语言反驳,而是采用一种语言转移暗示法,将不利于自己的话,转移为有利于自己的话,从而让姑娘认识到自己的失礼。

如果你是一个深谙批评艺术的人,就要努力去满足下属的这种心理需求。那么,具体来说,我们应该如何通过正话反说来达到让对方心知肚明的效果呢?

1. 先肯定

一般来说，没有人喜欢被直接指出错误，批评的副作用也是可想而知的。相反，人人都爱被表扬，但这并不意味着不需要批评。日常生活中，面对他人的缺点、失误以及小错误，我们不妨先采取正面鼓励、肯定和表扬的方式，这样，会把对方的错误意识上升到最高点，在后面的批评指正工作中，对方的领悟也就加深了。

在一节英语课上，老师挑同学起来带读单词，并且读完后大家要给这位同学提出一些意见并指出一些错误的地方，李想很幸运地被老师挑中，他平时英语成绩不错，因而胸有成竹地拿着课本走上讲台，尽力使用最标准的发音带同学们读单词，尽管如此，读完之后，他还是马上"遭遇"大家的"找错"，李想感到羞愧难当。

然而接下来班长的找错过程却让李想又重新找回了自信。班长是这样说的："首先，李想的带读是非常优秀的，他的发音等都很标准，只不过呢，有几处小的错误……"因为这句话肯定了李想的带读工作，使他的信心没有受打击，所以李想对班长的指正也听得更"清楚"，记得更牢，对英语的兴趣也是只增不减了。

2. 矛盾法得出正确结论

皮埃尔是巴黎的画家之一，以前卫派自居。

有一次，他在塞纳河畔开了一个画展，把自己的作品都张挂起来。有个50多岁的妇人从旁边走过，见了他的画，说：

"哎哟，这画可真有意思。眼睛朝那边，鼻孔冲向天，嘴是三角形的呢！"

皮埃尔对老妇人说："欢迎你来参观，太太。这就是我描绘的现代美。"

"哦，那太好了。小伙子，你结婚了吗？我把长得和这张画一模一样的女儿嫁给你好吗？"

老妇人的一句问话，使皮埃尔陷入了双重标准的窘境。

这种主观世界与客观世界的矛盾，造成了一种强烈的反差，形成一种幽默的氛围。这种方法能制造幽默，因为它们常常把人置于几种不同

的环境中，凸显出人类的弱点，令我们惊讶、羞惭、深思，让我们觉得有趣、可笑、意味深长。

总之，要让他人心知肚明，目的不在于批评，而在于指正，正话反说更能达到效果，更发人深省！

学会恭维暗示

生活中，每个人都喜欢听好话，这也就是人们所说的恭维，它会激发听者的自豪和骄傲。从我们自身来说，恭维完全可以说是求人办事使用的最好的手段之一。我们恭维的时候，可以先把对方抬高，让其不好意思拒绝你的要求。比如，我们可以给对方一个超过事实的美名，让其自我感觉良好。这样在跟他说话的时候他就会在心里产生一种自己是很值得人尊敬的优越感，对于你的请求，他又怎么好意思拒绝呢？

我们先来看这样一个故事：

从前，一个秀才高中，到京城做官前，他去向自己的老师拜别。

恩师对他说："京城不比家里，那里人心险恶，你需要求人办事的地方多了，切记一定要谨慎行事。"

秀才说："没关系，现在的人都喜欢听好话，我呀，准备了一百顶高帽子，见人就送他一顶，不至于有什么麻烦。"

恩师一听这话，很生气，以教训的口吻对他说："我反复告诉过你，做人要正直，对人也该如此，你怎么能这样？"

秀才说："恩师息怒，我这也是没有办法的办法，要知道，天底下像您这样不喜欢戴高帽的能有几人呢？"秀才的话刚说完，恩师就得意地点头称是。

走出恩师家的门，秀才对他的朋友说："我准备的一百顶高帽子现在只剩九十九顶了！"

第5章 心理暗示策略：潜移默化传达意见

这虽然是个笑话，但却说明了一个道理，那就是谁都喜欢听赞美的话，就连那位教育学生"为人正直"的老师也未能免俗。

这一现象产生是有一定的心理原因的：人都有一种获得尊重的需要，即对力量、权势和信任的需要；对地位、权力、受人尊重的追求，而赞美则会使人的这一需要得到极大的满足。

因此，求人办事时，我们不妨也采取这一心理策略。人一旦被认定其价值时，总会喜不自胜，在此基础上，你再提出自己的请求，对方自然会爽快地答应。心理学家证实：心理上的亲和，是别人接受你意见的开始，也是转变态度的开始。由此可知，求助者要想在求人办事的过程中顺利达到目的，一个行之有效的方法就是给予其真诚的赞美。

我们再来看下面的一则故事：

有一个领导，想让下属小李给自己办件事——翻译一篇稿子。于是，他把小李叫到办公室，对小李说："小李，听说你最近很闲，是不是没什么事情干？这样吧，听说你是英文专业毕业的，帮我把这篇稿子翻译一下，周末之前就交给我！"

"周末？今天都周四了，真不好意思，我恐怕要跟你说声抱歉。下周一我要出差，还需要准备很多资料呢，所以可能没时间为您翻译。对了，科长不是英语专业研究生毕业吗？这点事，对您来说，肯定是小事一桩。"

"啊，我知道了。"

从这则案例中，我们可以看出，这位领导托下属办事的方式方法实在不对。求人办事，首先最重要的就是态度问题，而他却一开口就贬低自己的下属，说下属很"清闲"，如此一来，对方怎么会替你做事？这实在是一次糟糕透顶的谈话。

事实上，生活中，很多人在求人办事的时候，都忽略了这一点，不赞美、抬高对方，反而贬低他人，这样，对方的自尊心难免受到伤害，可能这次他碍于面子帮了你，但久而久之，他就会避开你。

此处，假如这位领导能换一种说法："小李，最近挺忙的吧，现在

的年轻人压力都很大啊，单单说工作，要开会，要出差还要兼顾办公室的工作，但能者多劳，有努力就会有收获！我听说你的英文不错，不知能否抽空帮我翻译一下这篇文章呢？是非常重要的资料，急着要的，行吗？"想必，小李就是忙得焦头烂额，也会在百忙中抽出时间为他翻译文章的。

如此和气的请托，谁会忍心拒绝呢？为什么换一种说法小李的情绪就和前面迥然不同呢？这是因为他的自尊心得到了极大的满足。无论是谁，对自身的东西都会有一种自豪、珍惜之情。尊重对方的这份感情，也就能赢得对方的信赖，获得对方的帮助。

那么，年轻人要怎样表现自己对前辈的尊敬呢？

1. 了解对方，给对方戴一顶最适合的"高帽子"

每个人都有其自豪之处，我们抬高别人之前，先要找出对方最引以为傲的地方，然后加以赞赏，必然会得到他的好感，要说服他或者请他帮忙也就不再是难事了。

2. 不露痕迹地夸大别人的优点

抬高别人，难免要说一些奉承之话、恭维之辞，把对方的优点加以抬高、放大，但这样的话明显有讨好之意，因此，我们在抬高别人的时候，一定要说得巧妙，最高明的做法是自然而然，不露痕迹。

3. 适当示弱求帮助

用商量的口吻向对方说出自己要办的事，是一种巧妙的办法。装作自己没有任何把握，将建议与请求等慢慢地表达出来，给对方和自己留有一条退路。比如说："这件事我办起来很困难，你试试如何？"

当然，所谓的"恭维对方"，在求人办事时，是指对所求的人的恰到好处、实事求是的称赞，并不包括那种漫无边际、肉麻地吹捧。求人时说点对方乐意听的话，尤其是顺便就与所求的事的有关方面称赞一下对方，也不失为一种好办法。

第5章 心理暗示策略：潜移默化传达意见

暗示让难以启齿的话顺理成章

日常生活中，我们与人交往的时候，会涉及一些我们不能直言的问题，比如，拒绝别人、指责对方等，如果不顾对方的感受和情绪，把自己的想法强加给别人，不仅起不到预想的作用，还会恶化彼此之间的关系。此时，我们不妨尝试一下心理暗示，委婉地暗示对方，对方接受起来也轻松得多。我们先来看看下面的故事：

琪琪在相亲派对上认识了一个男士，开始两个人相处得还不错，但很快，琪琪就发觉两个人性格不合，打算找一些借口断绝和对方的往来。"下周末我们还去郊外钓鱼怎么样？"临分别的时候，那个男士又邀请琪琪。"下周我们要一直上班，周末也不休息。""那就下下周了。""那就再说吧，最近总是在周末出去玩，我周一上班都没什么精神，我要回去休息了。"说着，琪琪还适时地打了一个"哈欠"。对方马上意识到了琪琪的意思，从那天起几乎就不和琪琪联系了。

这里，琪琪拒绝此男士邀请的方式就是委婉的暗示，巧妙地暗示对方，自己对他已经不感兴趣了，那么，对方就会明白你的言外之意。再比如，你的闺蜜希望这周末你陪她出去逛街，但这周末你确实有自己的安排，那么，你就可以这样暗示她："今天时间不早了，周末玩得太累会影响工作的，我该回去休息了。"这样说，对方自然就会明白你周末不打算出去，也就明白你话里的拒绝意思了。

在人际关系中，由于各种原因，有时我们会驳别人的面子，这种事情如果处理不当，轻则伤害对方，让对方难以接受，疏远彼此间的关系，重则得罪人，结下仇家。对此，我们要学会暗示，既表达了自己的意思，又让对方轻松接受。利用话里藏话暗示他人，是我们必备的社交技巧。

有一个机关工作人员在一家餐馆就餐时，发现汤里有一只苍蝇，当时就很生气。于是，他先质问服务员，可没想到服务员却全然不理，好

077

像没听见他的抱怨一样。

后来，气愤中的他亲自找到餐馆老板，提出抗议："这一碗汤究竟是给苍蝇的还是给我的，请解释。"

那老板一听，把责任全推在服务员身上，于是，只顾训斥服务员，却全然不理睬他的抗议。

他只得暗示老板："对不起，请您告诉我，我应该怎样对这只苍蝇的侵权行为进行起诉？"

那老板这才意识到自己的错处，忙换来一碗汤，谦恭地说："你是我们这里最珍贵的客人！"

说完，大家一起笑了。

显然，这个顾客的做法值得赞扬，他虽然是有理的一方，却没有颐指气使，也没有对老板和服务员纠缠不休，而是借用所谓苍蝇侵权的比喻暗示对方："只要道歉，我不会追究。"这样老板也就明白了他的话中话，"苍蝇事件"自然也就在十分幽默风趣的氛围中化解了，也避免了双方的尴尬和窘迫，可见，心理暗示的作用多么重要。

想要委婉暗示，让对方接受，我们必须掌握几个基本功：

1. 把握局势

首先是要听出对方的话中话，然后加以揣摩，这其中观察的能力就显得十分重要。毕竟，交际生活中，很多人都喜欢用隐晦的语言、含沙射影地表示自己的弦外之音，即便是恶毒之意也不容易听出来。再者，你必须学会掌控交际局势，让对方接受你的暗示，你就必须得站在有理的一边。

2. 委婉含蓄地表达自己

同样的一句话，直言不讳与委婉表达达到的效果是不一样的。说话要讲究艺术，才能让人心领神会，明白话中隐藏的意思。当然，委婉表达的前提是要让对方听得懂，而不能云里雾里。

3. 尽量在善意的氛围中暗示

有些人虽然接受了我们的委婉暗示，但却是在逼不得已的情况下接受的，这种人一般会和我们"老死不相往来"，这不是社交的最终目

的。为此，我们要懂得不伤感情的、在善意的氛围中暗示对方，让他既能接受，还能感激我们"口下留情"。

总之，在与人交往的过程中，当不便开口时，我们就可以采用心理暗示的方法，委婉地表达我们的想法，这是必备的交际能力。

营造氛围，巧妙暗示

中国人常说："箭在弦上，不得不发""覆水难收"，这就是一种情境，当我们身处一种情境时，很多事情就顺理成章了。同样，人际交往中，我们若想暗示他人接受我们的批评、观点等，也可以先"造势"，制造某种情境和氛围，那么，对方自然就会很轻易地接受。

我们先来看看下面这两个擦鞋童的叫卖语言：

每到周末，我们常看到许多青年男女伫立街头，他们中间有不少人是等待与情侣相会的。傍晚时分，有两个擦鞋童，正高声叫喊着以招揽顾客。

其中一个说："你看你的鞋子多脏，我为您擦擦皮鞋吧，又光又亮。"

另一个却说："约会前，请先擦一下皮鞋吧！"

结果，前一个擦鞋童摊前的顾客寥寥无几，而另一个擦鞋童的喊声却收到了意想不到的效果，青年男女们都纷纷要他擦鞋。

那么，为什么会出现两种不同的结果呢？我们来分析一下：

第一个擦鞋童是这样劝说顾客的："你看你的鞋子多脏，我为您擦擦皮鞋吧，又光又亮。"我们不得不承认，这句话充满了对顾客的人情和礼貌，并且，他还向顾客保证自己擦出来的鞋"又光又亮"，但一般来说，那些即将约会的青年男女是不会在意的，他们也不会接受的，因

为傍晚时分，夜幕即将降临，谁会在意自己的鞋子"亮不亮"，同时，"你看你的鞋子多脏"这句话很明显地激起了人们心中的不快情绪，那么，即使对方的鞋子真的需要擦，恐怕也不会光顾他。人们从这儿听出的是"为擦鞋而擦鞋"的意思。

而第二个擦鞋童的话就与此刻男女青年们的心理非常吻合。黄昏之时，那些约会的青年男女都希望自己以一副清爽的形象去面对自己的恋人，一句"约会前，请先擦一下皮鞋吧！"真是说到了青年男女的心坎上。可见，这位聪明的擦鞋童，正是在自己的话题里放入了"为约会而擦鞋"的温情爱意。一句"为约会而擦鞋"一下子就抓住了顾客的心，因而大获成功。

而通常，人们都没有意识到让自己说的话给人以形象的极端重要性。实际上，聊天讲话如果能让对方的眼前浮现出各种各样的形象，听众就会感到轻松、惬意，并愿意继续听下去。而如果话题含糊笼统，语言无色无彩，那么，恐怕只会让对方昏昏欲睡，提不起聊天的兴趣，甚至对你产生厌倦的情绪。

可见，暗示对方，我们也要懂得制造情境，具体说来，我们需要做到以下几点：

1. 淡化消极因素法

事实上，人们只有在积极的情绪下才会作出一些正面的决定，如果我们要让对方接受自己，就要尽量为对方排除一些消极因素。

所谓淡化消极因素，就是设法缩小消极面。在实际生活中，有许多人被不安和自卑情绪困扰得痛苦不堪，但稍加分析，就会发现他们将极小部分的失败或恐惧扩大化了，那我们要做的就是尽量将这种消极因素缩小，比如，当你的同事因为一些工作原因被领导训斥了，心情很差时，你可以旁敲侧击，吐露一点自己同样的经历，让他明白：当领导的，不可能样样事情都处理得很好。再说，领导是站在全局角度处理问题的，也许是自己的看法不够全面。他想到这一点，心情就舒畅多了，怒气也就没有了，消极因素也就消失了，而你们之间的友谊也会增强不少。

2. 不说消极语言法

消极语言，是一种消极暗示，这种话说多了，对方就会产生一些消极心理，无论我们出于什么目的而暗示，都要在积极的场景中进行，因为人们一般都喜欢积极的情绪体验。

有些人常说："反正""毕竟"或"总之"一类的话，这都是消极语言。这类话对方听多了，会产生自我否定的想法，本来彼此间可以友好合作，却因为担心后果而放弃；本来情绪激昂地说帮你忙，也因为你的消极暗示而放弃。

因此，我们在与人交际的时候，尽量不要说消极语言。

3. 赞美法

赞美他人，是一种积极的暗示，而且不仅给他人积极的暗示，同时也给自己积极的暗示。因为在赞美他人时，你看到了他人的长处，发现了他人的优点，说明他人的长处、优点也进入了你的心灵，这本身就是一种积极的暗示。

4. 转移暗示法

积极的暗示产生积极的心态，消极的暗示产生消极的心态。这种暗示方法一般是反方向的，在社交活动中，如果有人对你进行消极暗示，就要运用转移暗示的方法，将别人对自己的消极暗示转化为积极暗示。

总之，心理暗示所带来的效应，的确是我们在社交活动中不容忽视的问题，而制造情境氛围就是一种暗示技巧，把握并运用好这一技巧，更是我们要必备的社交能力，它能帮助我们顺利达到社交目的，在社交活动中如鱼得水！

第6章 心理赢心策略：赢了心就成功了一半

如何迅速赢得人心

　　一个人若想在无声中打动别人，最好的办法就是学会用形象为自己加分。好的形象可以给人留下深刻的印象，见了第一面，期盼第二面，或者不反感见第二面。而较差的或者不适当的形象则会给别人留下不好的印象。所以在社交中，用什么样的形象打动对方的心，怎么才能通过形象使对方心动是很值得细心体味和研究的问题。

　　小王与妻子出国后，很快与周围的一群外国朋友打成一片，因为他们善良、乐于助人。但其实他们第一次参加朋友们的派对，就出了一次丑。

　　那天是圣诞节，他和妻子因为一件小事刚吵过架，心情很不好。这时，电话铃响起来了。朋友邀请他们参加一个圣诞派对，他与妻子没多想，穿着T恤衫、牛仔裤就出发了，结果在踏进朋友家时看见大家都穿着得体优雅的小礼服，真想找个地方躲起来。当朋友把这对中国夫妻介绍给自己的朋友时，他们表现出来的一副没精打采的神情，更是让这些朋友很沮丧。

　　事后，小王还专门打电话给这位朋友，为自己当天在派对上的失态而道歉。后来，他们专门找到一位形象设计师讨教一番，因为在他们的生活圈子中，少不了要参加这样的聚会。

　　随后，他们与家人一同前往新加坡，参加侄女的婚礼。回来后，他对这位形象设计师说："婚礼上，我们受到了很好的礼遇，我觉得在很大程度上，是因为我们穿了一身得体的衣服，让对方很好地感受到了我们真诚、礼貌、有素养的一面，给国外的亲戚、朋友们留下了深刻的印象。"

这则案例中，小王夫妻给外国朋友的印象有如此巨大的反差，就在于他们赴宴时的不同装扮。第一次，他们因为夫妻吵架、心情不好，就穿了一身随意的衣服，为此，他们失态了。而第二次，在经过形象设计师的一番指导后，他们掌握了如何穿着才显得神采奕奕，正如小王说的："婚礼上，我们受到了很好的礼遇，我觉得在很大程度上，是因为我们穿了一身得体的衣服，让对方很好地感受到了我们真诚、懂礼、有素养的一面，给国外的亲戚、朋友们留下了深刻的印象。"

可能很多人认为穿着打扮是一个令人费神的问题，怎样才是穿出品位、穿出神采呢？其实，要想穿出一身富有精气神的行头，也并非难事，对此，我们不妨从以下几个方面努力：

1. 并不需要大费周折

如果你有时间自然可以，但很多时候，我们与人交往是偶然性的，我们没有时间从头到脚再换一套盛装，因此，这就需要我们在日常生活中注意自己的着装。譬如，西装外套只要是上等的高级质料，则只要更换下半身即可，最好穿上能与之搭配的裙子。

2. 注意配饰的作用

有时候，一件小小的饰品能起到画龙点睛的效果。比如，在办公室内穿西装，到赴晚宴时，下面再换上长裙，踏着高跟鞋，就是颇正式的打扮，若要加强晚宴的气氛，则可再加上华丽的披肩等装饰。因此上班时，可提个稍大一点的包包，里面放一些饰品及裙子。在没有习惯这样更换时，是无法完整地考虑到所需的一些饰品的，如胸针、耳环、丝巾、项链……但经过几次后就会考虑得很周详而不易遗忘了。能如此准备，准时地去参加宴会，就不必说："因下班直接赶过来，实在抱歉……"等话，且也不必因不好意思而畏缩在会场的角落了。

3. 让色彩帮助自己变得熠熠生辉

关于色彩，人们有一些错误观念，比如：

（1）皮肤白的人穿什么都好看。其实每个人都有适合自己的颜色，也有不适合自己的颜色，与皮肤的黑白没什么关系。

（2）穿黑色显瘦。绝对并非如此。要看你是属于哪一种色彩类型的人。

（3）艳色是俗气的。色彩本身没有好坏之分，但有选择与搭配的好与坏之分，不和谐的色彩无论艳或不艳都不美。

（4）只有相近似的颜色搭配在一起才好看。相近或相似仅仅是一种配色方法，其实还有许多配色原则。

（5）黑白是百搭色。黑白是很极端的颜色，想在衣服上任意搭配出漂亮的效果不容易，不要什么都用黑白去凑合。

（6）对比色的搭配是土气的，比如，红色与绿色的搭配。对比不等于不和谐，如红与绿搭配得好坏要看它们属于什么色调的红与绿，还要考虑面积对比等因素。

只要克服以上错误观念并找到合适的穿衣搭配原则，我们就可以神采奕奕地出场了。

巧用"首因效应"与"近因效应"博得好感

心理学上，有个著名的"首因效应"和"近因效应"。所谓首因效应，也就是人们常说的第一印象效应，指的是人们在第一次接触某个人或者某个物时所形成的印象，它对我们以后的行为和活动会产生一定的影响。生活中，人们在初次交往中一旦对某个人产生了一定的或好或坏的印象，就很难改变。当然，第一印象既可助某人或某事成功，也可令某人或某事失败。

我们常常听到"我从第一次见到他，就喜欢上了他。""我永远忘不了他留给我的第一印象。""我不喜欢他，也许是他留给我的第一印象太糟了。""从对方敲门入室,到坐在我面前的椅子上,在短短的时间内,我就大致知道他是否合格。"从这些话中,我们不难理解第一印象效应对一个人人际交往的重要性。

何谓"近因效应"呢?

可能绝大多数人对"首因效应"很熟悉,而对"近因效应"这个词都觉得陌生。其实,这个词理解起来并不难。我们都明白,不管什么事情,都有着不同的阶段:初段——发生,中段——发展,最后——结尾。

心理学上将"近因效应"定义为:交往中最后一次见面或最后一瞬给人留下的印象,这个印象在对方的脑海中会存留很长时间,不但鲜明,且能左右整体印象。

因此,我们不难发现,要想给人留下良好的印象,就必须同时利用好"首因效应"和"近因效应"。

那么,具体来说,我们需要怎么做呢?

1. 仪表形象影响交际

虽然以第一印象来判断和评价一个人并不是明智之举,但生活中大多数人都是以第一印象来判断、评价一个人的。

仪表给人的第一印象一般都是最直观的,你的相貌、穿着等会直接地让人联想到你的品德、修养、品位等各个方面。比如,很多时候,我们会认为,一个长相甜美、笑容灿烂的女孩,一定也是个心地善良、性格好的人。当然,其实我们自己也清楚,相貌与心灵之间并没有直接的、必然的联系,甚至很多时候还是相反的。这也是我们应该从第一印象中克服的。

2. 才华好、谈吐好才有魅力

美的表现并不一定在外在美上,初次见面时,一个人的谈吐也能给人留下一个好印象。在与人交谈的过程中,你的谈吐、说话气度、是否有思想等,都会给他人留下不同的第一印象。要知道,一个儒雅、有品位的人,一般更容易得到他人的喜爱。因此,假设你擅长琴棋书画中的一种,或者会唱歌、跳舞等一些才艺,你就会受到别人的

赞叹和喜欢，甚至是崇拜，成为别人心目中的"才子"或"才女"，从而增加别人与你交往的欲望。

3. 拥有迷人的个性也是让别人喜欢自己的重要原因

事实证明，一个人拥有迷人的个性就会给自己披上一层魅力的外衣，而这层魅力的外衣就像一块磁铁，吸引别人成为自己的朋友。

4. 最后的印象和最初的印象同样重要

在人际交往中，人们往往比较重视"首因效应"，而忽视甚至对"近因效应"一无所知。事实上，在学习与人际交往中，"近因效应"与"首因效应"同样重要。心理学上认为，能停留在人的记忆中的，是最初的和最后的记忆，也就是说，第一印象固然重要，但随着交往的深入，印象会逐渐发生改变，一连串的事件的不同阶段，被接受的印象也有差异，只有最初和最后的印象才深刻。

然而，在现实生活中，人们往往忽视了"近因效应"，使得了人际交往虎头蛇尾，给别人的最终印象很差，这样的事例数见不鲜。

小李在一家大型公司工作，他主要负责的是产品业务。一直以来，他的工作都做得很出色，公司领导也很信任他。

一次，领导将一项重要业务交给了他，让他务必拿下这个单子。这是一笔外包业务，对于这样的大企业来说，如果能拿下这笔业务，公司就可以获得一笔很可观很稳定的现金流。

为此，小李将全部精力都投入了前期的准备工作。因为认真负责，对方对小李有了非常好的印象，接下来的洽谈工作也很顺利。但就在准备签合同的当天，却出现了一些细节上的问题。

对方负责人告诉小李，他们暂时还不能做主，需要请示上面再作决定。小李心想，这也是情理之中的事，于是，他满口答应了。

就这样，一天过去了，两天过去了，一周、一个月过去了，对方还是没有回信。最后按捺不住的小李主动打电话过去问，一个在该公司工作的朋友告诉他，单子飞了，小李追问原因才知道，问题出在签单当天他穿的那件西装上。

原来，那天，小李穿的那件西装的袖口上，少了一粒纽扣，他们认

为一个不注重细节的人,他所在的公司肯定也好不到哪里去,而对方外包的可不是别的,而是精密仪器的零配件!

小李这才恍然大悟,可能是那天因为太兴奋而在出门前忘了检查自己的仪表,可能因为自己认为大局已定,不需要太过小心,最终导致一笔大单子不翼而飞。

案例中,一笔大生意之所以与小李擦肩而过,是因为他的表现太虎头蛇尾了。这就告诉我们:不仅要在开头表现好,在最后阶段同样也要表现好,有始有终,才能真正达到"双赢"。

所以,在与人交际的过程中,我们要善于运用一些心理策略,充分利用"首因效应"和"近因效应",两者都要重视,才能让别人真正地喜欢我们。

如何不刻意地赞美对方

社会心理学家认为,受人赞扬,被人尊重能使人感受到生活的动力和做人的价值。赞扬能释放一个人身上的能量,调动一个人的积极性。世界上没有一个人不喜欢被人称赞,时时用使人悦服的方法赞美人,是博得人们好感的好方法。赞美虽是一件好事,但绝不是一件易事。赞美别人若不审时度势,不掌握一定的赞美技巧,即使你是真诚的,也会变好事为坏事。所以,赞美的话不要随便说,一定要恰到好处,说到对方的心坎儿上才能起到作用。

三国时期,孔明六出祁山,希望找一位主帅。张飞的儿子张苞与关公的儿子关兴争相为帅。孔明难以决定,便要他们二人各自称赞父亲的功劳,以为标准。张苞说:"我父亲长坂坡大喝,能斥退曹操的兵将,能义释严颜;在百万大军中取上将首级,更如探囊取物。"关兴因为口吃,一直想说其父关公的事迹,但又说不出来,只有结结巴巴地说:

"我父亲的胡子很长。"这时关公在云端显灵,大骂道:"小子,你父亲过五关斩六将,诛文丑,斩颜良,一世的英名,你不知道赞美,却只会说胡子很长。"

从这个案例中,我们可以发现,如果赞美得不恰当,不但不会令对方高兴,还会起到相反的效果。

其实,在生活中,任何一种人际关系,都需要赞美来维系:亲人间的赞美,让家庭更和睦;同事间的赞美,让大家更有凝聚力;恋人间的赞美,让爱情更滋润;就连家庭教育也需要赞美。曾经有心理实验表明:在充满赞美的环境下成长的孩子,往往比那些在被父母贬低下成长的孩子更有自信、意志力更坚强。这一点,也正是当今社会提倡"赏识教育"的另一原因。

赞美是一种健康洒脱的人生态度,透视着一个人的精神内涵和人格底蕴。赞美不仅能使人的自尊心、荣誉感得到满足,更能让人感到愉悦和鼓舞,从而对赞美者产生亲切感,相互间的交际氛围也会大大改善。因此,喜欢被赞美似乎成了人的一种天性,是一种正常的心理需要。

在日常交往中,人人需要赞美,人人也喜欢被赞美。如果一个人经常听到真诚的赞美,就会知晓自身的价值,有助于增强其自尊心和自信心。特别是当交际双方在认识上、立场上有分歧时,适当的赞美会发生神奇的力量。不仅能化解矛盾、克服差异,更能促进理解,加速沟通。所以,善交际者也大多善于赞美。

那么,怎样才能将赞美的话说到对方的心坎儿里呢?

1. 态度要真诚

赞扬的目的是激励,是褒扬真善美。抱有某种不可告人的目的,以溢美不实之词,极力吹捧逢迎,只会引起别人的反感。比如,当对方恰逢情绪特别低落,或者有其他不顺心的事情时,过分地赞美往往让对方觉得虚伪,此时一定要注重对方的感受。

2. 赞美对方最引以为豪的成就

赞美必须选对"点",上面案例中的关公生气,就是因为他的儿子只知赞美他的胡子,反而不提他一世的英明。因此,我们在赞美他人的

时候，要始终不忘赞美对方最引以为豪的成就。

3. 从细节赞美

空洞的、泛泛而谈的赞美只会让对方怀疑你赞美的真实性，而从细节上赞美，更有力、更真实，更能让对方产生快乐。比如，你想赞美对方今天的衣服好看，你可以说："我觉得这种款式的衣服衬得你的身材更好了。"

4. 措辞一定要准确、得当

在赞扬别人时，语言不要含糊不清，如果你拿捏不准用什么词赞扬对方，还不如保持沉默，因为那些含糊的赞扬往往比侮辱性的言辞还要糟糕。诸如，"嗯，还行""挺好"和"没那么糟"，只会让对方心生厌恶。

5. 别一味地赞美

适量的赞美，会让对方听着很舒服，也会很受用，可是，过量的赞美，则会显得做作和虚伪，所以，抓住重点赞美，避免赞美之言泛滥，也是我们在赞美他人时应该注意的。

可见，赞美他人需要技巧，并不是简单地夸赞他人几句就能起到良好的效果，胡乱吹捧只会适得其反。同时，赞扬还应该把握度，不能太过火，只有适度的赞扬才会使人心情舒畅，否则就会使人感到难堪、反感或觉得你是在"拍马屁"。

从对方的喜好入手解读其心理

在日常生活中，我们每个人都有自己的爱好和感兴趣的事，也都有自己擅长的事情：琴、棋、书、画，养花种草，甚至一些不提倡的事情，比如喝酒等，也算得上是爱好。爱好是一个人的乐趣所在，就是通常意义上人们说的快乐。一般情况下，为了获得这种快乐，人们都会愿

意付出人力、物力和财力,甚至是情感的投入。如果你能投其所好,就会与其成为朋友;相反,你若冲撞他的爱好,轻则讨人嫌,重则让对方怒气冲天。尊重别人的爱好,可以赢得别人的喜欢,因此,在与人交往的过程中,我们要学会投其所好,并且要对对方的爱好有一定的了解,这才会为你们架起成功沟通的桥梁。

德国实业家哈根想向银行贷一笔款开发公寓,拜访了银行经理肖夫曼。

哈根:"肖夫曼经理,您好,今天温布尔敦网球赛停赛,我估计在办公室准能找到您。"

肖夫曼:"哈哈,哈根先生对网球也有浓厚的兴趣?"

哈根:"好汉不提当年勇。年轻时,我还参加过温网赛呢,可惜第一回合就被淘汰了。"

肖夫曼:"哦,原来是温网英雄。"

两人自然谈到网球球星的许多轶事上来,这让肖夫曼觉得两人十分投缘,大有相见恨晚之感。最后,哈根如愿以偿,与银行达成了利率优惠的贷款协议。

哈根之所以能从银行顺利地贷到款,是因为他预先了解到肖夫曼有个嗜好:网球。于是"投其所好",巧妙地打开了肖夫曼的话匣子,双方都是网球迷,下面的业务问题就自然好谈得多了。

拜访过罗斯福的人都惊讶于他的博学,因为无论你是政治家、哲学家、运动员、工人或小牛仔,他都能针对你的职业或特长与你交谈。其实这个道理很简单,当罗斯福知道访客的特殊兴趣后,他都会在前一天晚上预先研究这方面的资料,以此作为第二天交谈时的话题。因为罗斯福很清楚,抓住人心的最佳方法,就是谈论对方感兴趣的事情。

罗斯福这样做狡猾吗?不!谁不希望别人对自己最喜欢的事物感兴趣呢?"说别人感兴趣的话,双方都会有收获",谈论别人感兴趣的东西能够很容易拉近人与人之间的距离。

史蒂夫·鲍尔默曾经对手下的微软经理说:"不要成为一个喜欢泼

冷水的人。"纽约著名银行家杜威诺则说："我仔细研究过有关人际关系的丛书后，发现必须改变策略，我决定先找出这个人的兴趣所在，然后想办法激起他的热忱。"

当然，了解交际对方的爱好和兴趣所在，并不是曲意逢迎，民间有句话是"千穿万穿，马屁不穿"，是指人人都喜好顺耳之言，这本身就是人性的弱点之一。但在与人交际的过程中，恶意地投其所好迟早会被对方发现，这无疑是给自己的人际交往埋下隐患。同时，我们也不要委屈自己去满足别人的快乐。

"有缘千里来相会""话不投机半句多"，两个意气相投的人聚到一起，总会有说不完的话。因此，即使与陌生人交往，我们也应该细心观察，多寻找别人的兴趣所在，这样，谈话的时候，才能寻找出更多的共同点，形成共鸣，迅速拉近心理距离，增进情感。那么，具体来说，我们应该怎样挖掘别人的兴趣和爱好呢？

1. 从对方关心的对象谈起

交谈时如果能从对方十分关爱的对象切入，也是一种投其所好的方式，有利于打开交谈局面。

2. 从对方最深切的情缘谈起

人是有情感的。交谈时，能从对方最深切的情缘切入，情深意切，往往能使其打开话匣子，达到交谈的目的。比如，你可以从对方的口音入手："您也是××人吗？"

3. 从对方"在行"的话题谈起

常言道，三句话不离本行。人们都喜欢谈论自己在行的话题，因为它关系到一个人的成败与荣辱。因此，我们与人交流时，要想接近对方，可以从他最精通的话题谈起，常常能够激发对方的谈话兴趣，唤起对方的成就感，让他觉得与你有共同语言，有"酒逢知己千杯少"的感觉，交谈就会有好的结局。而对于你所熟悉的专门学问，对方不懂，也没有兴趣，就请免开尊口吧。

总之，与人沟通，要从心理角度，及时地抓住有利时机，投其所好，打开对方的话匣子。做到这一点，交谈就成功了一半。

制造共同点，让彼此产生共鸣

与人交谈时，我们必须在缩短心理距离上下功夫，力求在短时间内多了解一些，缩短彼此的距离，才能在感情上融洽起来。孔子说："道不同，不相为谋。"志同道合才能谈得拢，有共鸣才能使谈话融洽自如。

一个懂得沟通技巧的人，也是一个心理分析师，因此他们善于运用心理策略，总是能找到一些共同的话题，使对方产生共鸣，哪怕是刚见面的人，也能很顺利地进行沟通，这就是人们常说的"自来熟"。

人与人之间，一定有许多相同的地方。或者有共同的兴趣爱好，或者在籍贯、经历方面相似，这都是产生共鸣的来源。只要你多花些心思，多一些观察，肯定能够找得到。

那么，我们怎样才能制造共同点，从而拉近与对方的心理距离呢？

1. 适时切入，看准形势，不放过应当说话的机会

任何沟通，都是双向的，单纯地了解他人，而不给对方了解我们的机会，同样达不到什么良好的沟通效果。因此，你应该选择时机，适时地表现自己，把你的内心敞开，让对方了解，有助于实现彼此的"互补"。

2. 寻找"牵线搭桥"的媒介

比如，如果对方的手中有一件东西，你可以借机询问："这是什么……看来你在这方面一定是个行家。正巧我有个问题想向你请教。"对别人的一切显出浓厚的兴趣，通过媒介物表露自我，有利于使交谈顺利进行。

3. 多关心对方，哪怕再小的事

要知道，认同感的产生，表明你已经赢得了对方的好感。通常情况下，如果你将这种好感搁置，你们就会变成陌生人。因此，你不妨多关心对方，这种关系自然会深化。

比如，你可以经常赞美对方的变化，从小处赞美，哪怕是个小小的饰品，稍有变化地赞美他几句，也会令他感觉很愉快；还有，你可以将他的名字写在记事簿的首页；表示对别人关心的方法很多，其中记住对方曾经说过的话，然后向对方表示"您曾说过……"是相当有效的一种方法。另外，记住他的爱好，并时常表示一下，也会让他欣喜万分。

4. 交谈时，不要把话说尽，而应该留一些缺口让对方接话，从而使对方产生"心有灵犀一点通"的感觉

当然，加深对方认同感的方法还有很多，只要我们做个有心人，就没有搞不好的人际关系，没有留不住的朋友！

学会当对方的"配角"

古人云："听君一席话，胜读十年书。"在现代交际中，倾听的作用尤为重要。倾听，是人们建立和保持关系的一项最基本的沟通技巧，也是一种心理技巧。英国管理学家威尔德说："人际沟通始于聆听，终于回答。"没有积极的倾听，就没有有效的沟通。

说话是一种权利，但倾听也是一种义务。美国的心理学家调查发现，一些职场高层的平均时间分配是：9%的时间在"写"，16%的时间在"读"，30%的时间在"说"，45%的时间在"听"。可见，倾听的重要性。

人际交往的目的在于沟通，以此获得对方的好感。只有用心倾听，我们才能获得说话者所要表达的完整信息，也才能让说话者感受到我们的理解与尊重。因为倾听向对方表达的潜在信息是："我明白你的意思，我很理解你。"当我们与交际对方达成一种心理共识的时候，我们的交际目的也就达到了。

20世纪60年代，日本的经济陷入低迷状态。当时的松下电器也遇到了其他企业所遇到的问题。为此，松下幸之助决定调整销售体制，但这却遭到了所有人的反对。

随后，为了倾听大家的想法，松下幸之助召开了集体会议。会议开

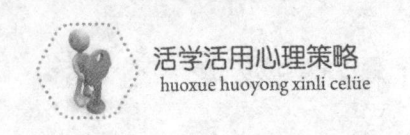

始，松下幸之助就说："今天我召集大家来这里，就是想知道各位对改变现下的状况有什么具体的想法，请大家各抒己见吧。"

说完，松下幸之助就请那个原本持反对意见的人带头发表意见，他则什么都不说，只是静静地坐着倾听。

当所有人都发完言，松下幸之助才缓缓地站起来，开始陈述自己的意见，也就是新的销售方法、推行目的等。当松下幸之助说完，那些原本持反对观点的人居然都沉默了，接下来，他们鼓起了热烈的掌声。

应该说，松下幸之助之所以能解决这次的问题，完全得益于这次会议，而会议的成功也得益于他善于倾听。他把说话的机会交给这些下属，让他们感受到自己被尊重，从而很快消除了反对者的不满，最终成功推行了自己的改革措施。

其实，沟通的过程无非就是听与说的过程，那么，首先我们应该学会倾听，善于倾听，这体现的不仅仅是一种理解，更能帮助我们掌握很多言谈间的信息，是赢得他人好感的关键。

倾听不仅是一种心理策略，也是一种能力，戴尔·卡耐基认为：在沟通的各项能力中，最重要的莫过于倾听的能力。滔滔不绝的雄辩能力、察言观色的洞察力以及擅长写作的才能都比不上倾听能力的重要。

具体来说，我们在倾听他人说话时有以下几个要点要注意：

1. 保证你倾听的专注度

在我们倾听他人说话时，精力是否集中，不仅关乎我们是否能真正理解对方话里的含义，是否能发现一些细节性问题，更体现的是对对方的谈话是否在意。

在姿式上，你要做到身体往前倾，直接面向对方，注意力集中在他的脸、嘴和眼睛的三角区域，这不仅是一种尊重，更表明你在认真倾听，就好像你要记住客户所说的每一个字一样。

你在别人说话的时候保持专注不分心，就是最基本的倾听技巧。这是所有技巧中最难养成的，但它的回报也是相当可观的。

2. 用你的肢体语言给予肯定回答

以下是表达认同的肢体语言：面带微笑；眼神要专注；不时地点头……做一面镜子，感受他人的情绪：他人高兴，你也高兴；他人皱眉，你也皱眉……

3. 不要急于打断，不要急于下结论，等你的客户说完

如果对方说出的是我们不同意的观点、意见，我们可以在心里阐述自己的看法并反驳对方，不要急于反驳或者作出判断，对不同的想法和不正确的观点，要等待对方说完以后再作进一步的交流。

4. 与客户进行眼神交流

"眼睛是心灵的窗户"，那么为什么要闭着窗户，让对方来猜心思呢？不要再抱怨对方为什么不理解你、不相信你。用眼神与客户交流，如果我们两眼空洞无神的话，就会给对方留下心不在焉的印象，那么对方就会认为你不值得信赖。

与对方谈兴正浓时，切勿东张西望或看表，否则对方会以为你听得不耐烦，这是一种失礼的表现。如果目光游移不定就会使对方联想到轻浮或者不诚实，就会对你格外警惕和防范。这显然会拉大彼此间的心理距离，为良好的沟通设置难以逾越的障碍。

5. 复述

我们在与他人沟通前最好复述一下对方的观点，这不仅是一种认同，更能检查你是否在认真倾听。

6. 适当地使用讨教的语气求教

我们可以放低姿态，以讨教的语气进行交流，比如，你可以问对方："请问，您刚才说的电脑的配置，指的是哪些方面呢？"倾听时如此反馈，一来会体现出你在认真倾听，二来可以满足对方好为人师的心理，以此促进交流。

7. 表达认同，但先要停顿一下

当对方讲完以后，你不要凭自己一时高兴，想到什么就说什么，而应该先暂时地停几秒种，确保对方已经讲完你再说话，否则，假设对方只是暂时停顿整理思绪，那么，很明显，你接话只会让对方心生

反感。同时，这样做，还有两个好处：你的沉默表示你对对方刚才所说的话非常重视。对对方的言论表示慎重，这是一种最大的恭维。第二个好处就是给自己留下思考的空间，可以准备如何应对对方的发话。

"喜欢说，不喜欢听"是人的弱点之一，喜欢被认同是人的弱点之二，如果我们在与人交往时，能够掌握这两个人性的弱点，让对方畅所欲言的同时获得一种认同感，那么一定会事半功倍的。

真诚让你的好感度大大增加

史蒂夫·鲍尔默曾经说过："责任感，就是成就神话的土壤和条件。"当你经营人脉的时候，什么才是你最重要的责任呢？答案很简单，那就是主动帮助别人，不断地帮助别人，尽你所能地帮助别人。如果你和交际对方有继续交往的愿望，你不妨试试这种办法。生活中，很多男性追求女性的时候，一般会不遗余力地帮助对方，就是这个道理。

小何是北京某网络运营公司运营助理，公司运营得一直很不错，所以，基本上，小何的工资每年都在涨，他十分感激经理给了他这样一个平台发展自己，即使偶尔经理会骂他几句不中听的话，他也毫不在意，因为他知道，经理是为了他好，为了他能够有所进步。

但有时候，世事难料，公司一个秘书带着所有客户的资料跳槽了，转眼间，公司陷入了瘫痪状态，经理心急如焚，公司一些员工在前秘书的动员下，开始收拾行囊，都跳了槽，剩下一些员工，是没有去处、不得不留下来的。公司即将面临倒闭的危险，大家都看经理会用什么办法解决，很多人说："这下子都是将死的蚂蚱了，再努力也没用了。"经理听到有人这样说，更是泄气了，甚至，他开始考虑怎样把公司转手，这时候，小何敲开了经理办公室的门，对经理说："就是只剩下我

这么一个下属，我也会为您全力效劳，您永远是我最尊敬的经理，您不要泄气，我们一定能挺过去的。"听了小何的一番话，经理顿时感觉找到了目标。在小何的帮助下，他重新联系上了以前的客户，并且挖掘到新客户，公司终于起死回生，大家都说小何是公司的救星。的确，就连经理也总是很感激地说："如果我身边还有一个人可以信任，那就是小何。"每每听到这话，小何都感到很欣慰。

上面案例中，小何是一个有远见的下属，给深陷困境的领导以慰藉和鼓励，让领导重新振奋精神，走出困境，人往往在落难时更容易记住别人的好，小何的领导就记住了他的好，永远信任他。

这告诉我们：我们在与人交往的时候，帮助他人，他人会在心里越来越感激你，你给对方的印象就会越来越好，你的攻心术就成功了。那么在帮助他人的时候，我们应该注意什么呢？

1. 合乎时宜

我们帮助他人，要学会相机行事、适可而止。这里的时宜指的是"时间"的问题，在对方求助无门的时候伸出援手，更容易让对方对你心怀感激。

2. 雪中送炭

俗话说："患难见真情。"最需要帮助和鼓励或者赞扬的不是那些早已功成名就的人，而是那些因被埋没而产生自卑感或身处逆境的人。他们不仅需要物质帮助，还需要精神鼓励，如果我们能雪中送炭，并在他不断努力、接近成功的过程中对他们不离不弃，那么你将拥有一个一生的患难之交。

3. 小处落墨

在日常生活中，我们给人帮助的时候，要从具体的事件入手，越小的事件越好，因为这样可以体现出你的细心和诚意；给予的快乐越翔实具体，说明你对对方越了解，对他的长处和成绩越看重。让对方感到你的真挚、亲切和可信，你们之间的人际距离就会越来越近。

4. 帮助他人也要注意姿态

人际交往中，我们会遇到一些类似"好好先生"的人，然而，人们

并不太喜欢"好好先生",甚至不会发自内心地尊重"好好先生"。如果我们对人过分好,会给受惠方一种我们是"弱者"的感觉。因此,我们在给人好处、对人付出尤其是帮助他人的时候,要放低姿态,要让对方在一种双方平等的心态下接受我们的帮助,同时,对方也会感激我们的用心良苦。

5. 给对方一个回报的机会

心理学家霍曼斯早在1974年就提出了人与人之间的交往本质上是一种社会交换。这种交换同市场上的商品交换所遵循的原则是一样的,即人们都希望在交往中得到的不少于所付出的。但如果得到的大于付出的,也会令人们的心理失去平衡。

这给我们的启示是:我们要想让他人达到一种心理平衡,在付出的同时,还要给对方一个回报的机会,才不至于让对方因为内心的压力而疏远了双方的关系。而"过度投资",不给对方喘息的机会,就会让对方的心灵窒息。留有余地,彼此才能自由畅快地呼吸。

总之,与人交往,主动地帮助他人,这是一种感化他人的技巧,掌握这种技巧,能迅速地拉近彼此间的心理距离。

第7章 心理自助策略：提升自己的影响力

活学活用心理策略
huoxue huoyong xinli celüe

用点小计策吸引对方

　　随着社会的进步，人们越来越渴望交往，于是，就有了社交，但无论是哪一种社交形式，都需要交谈双方表现出主动交流意愿，都要起到传递信息、交流感情的作用。可是，又是什么能促使交谈双方吐露心声呢？答案很简单，是兴趣。因为人们只有对自己感兴趣的事才会投入更多的精力和时间，那些善于交际的人往往都懂得小施策略，让对方产生交往的兴趣，然后营造交际的氛围。这种人往往受到大家的欢迎，能与周围的人建立起良好的友谊。相反，那些只等着对方寻找交流话题的人，总是不能把握交际的大局，也很难使别人信服，在社会交际活动中往往被人冷淡，甚至遗忘。因此，你如果想在社交活动中增进彼此之间的情感，达到交流的目的，就应想办法引起心理共鸣。

　　旅客甲放下旅行包，稍拭风尘，冲了一杯浓茶，边品边研究起旁边的旅客乙："师傅来了好久了？"

　　"比这位客人先来一刻。"旅客乙指着正在看书的另一位旅客。

　　"听口音不是苏北人啊？"

　　"噢，山东枣庄人！"

　　"啊，枣庄是个好地方啊！小学时就在《铁道游击队》连环画里知道这个地方了。三年前去了一趟枣庄，还颇有兴致地玩了一遭呢。"

　　听了这话，那位枣庄旅客马上来了兴趣，二人从枣庄和铁道游击队谈开

了，那亲热劲，不明情况的人恐怕要以为他们是一道来的呢。

接着是互赠名片，一起进餐，睡觉前双方居然还在各自随身携带的合同上签了字：枣庄旅客订了苏南旅客造革厂的一批风桶；苏南旅客从枣庄旅客那里订了一批价格比较合理的议价煤。

在这场交谈中，旅客甲与旅客乙从相识到交谈成功，就在于他们找到了对"枣庄""铁道游击队"都熟悉这个共同点。而正是因为这个共同点，让这对陌生人产生了心理共鸣，从而产生了一见如故的感觉。

当然，社交中，要让对方被我们吸引，我们可采取的方法有很多，总结起来，我们可以这样做：

1. 积极表达自己的兴趣

在社交活动中，交谈双方能否主动寻找话题，是消除人们之间陌生感的关键。能不能找到话题，主动地搭上话比会不会讲话更重要。而这个共同话题，就是交谈双方共同感兴趣的人和事。这就告诉我们，要积极地表露自己的兴趣，因为只有这样，才能让对方感觉到你的主动、大方、友好亲切。当对方对你的兴趣产生心理认同感后，就会与你一拍即合，达到情感的共鸣。

但表达自己的兴趣，我们也要注意方式方法，尽量要以请教的方式、外行人的身份表明，这样才显得不露痕迹。

一些人在与人交际的时候，以为将自己的水平发挥到极致，就会令对方刮目相看，实际上，结果往往适得其反，这样做，无异于贬低了对方的水平。而真正聪明的人会把出风头的机会让给别人，这是一种隐藏的恭维。因此，我们在与人交际的时候，不妨把自己表现得"外行"一些或水平更低一些，尤其是与上级或者长辈相处时，更应如此。比如，当你陪领导打乒乓球、打扑克牌、下棋时，如果不巧妙地"心慈手软"一些，把上司"杀"得一败涂地，"打"得脚不沾地，岂不是太不给领导面子了？此时，你不妨多赞扬领导水平提高很快，暗中"手下留情"，岂不两全其美？有时，领导们明知是你暗中"倒戈"，脸上却露出胜利的喜悦，你也就大功告成了。

2. 展现自己的"利用价值"

人们参与社交，都是有一定的目的的，人们一般愿意主动与那些能为自己带来社交价值的人交往。为此，如果我们能主动表达自己的利用价值，比如，人脉、财脉等，那么，对方一定会主动与你结交。

因此，我们不难发现，在与陌生人的交往中，制造人际吸引力是冷读术的精髓之一。只有让对方产生主动交往的欲望，我们才能掌握社交的主动权！

真诚让你赢得对方信赖

我们深知，社交生活中，能否成功地给他人留下良好的第一印象至关重要。在他人的第一印象中，你的衣着打扮固然很重要，但最重要的是你的精神状态。所以，当你踏入一个陌生的场合时，如果能让大家感受到你的真诚，那么，你留给大家的第一印象就非常好，这是一种极好地取得他人信任的心理策略。

在日本，人们有这样一个生活规律：上午的时候，家庭主妇会忙于打扫、洗衣服、煮饭，她们此时是不喜欢被任何人打扰的。等忙完这些以后，已经是下午四点钟了，此时，她们的孩子会睡午觉，她们也有时间休息一下。

大吉保险公司的川木先生是个体贴的销售员，他只要看到某户人家晒着尿布，便知道孩子刚睡，就不会轻易地按门铃，只是轻轻地敲门，以示访问之意。当主妇前来开门时，他会用最小的声音向一脸狐疑的母亲说："宝宝正在睡午觉吧？我是大吉保险公司的川木先生，请多指教。四点以后，我会再来拜访一次。"

相信任何一位母亲都会对这样一位细心的销售员充满好感，即便不邀请他进屋坐坐，也会面带笑容地听对方把话说完。反之，如果大摇大

摆地冲进去，结果只会被对方赶出去。这位推销员就是运用真情打动了客户。

这天，某通讯公司遇到一个惹事的客户，他称自己对这家通讯公司的服务很不满意，并且，他提出他要投诉这家公司的某个员工。后来，他还写信给一些新闻媒体，向消费者协会投诉，称自己不会再付任何费用。

这让这家通讯公司的领导很为难。后来，一位经理推荐一位"调解员"出面解决这件事。这位"调解员"面对这位愤怒的客户，一言不发，只是静静地听着，听对方把不满全部发泄出来。

三个小时很快过去了，这位"调解员"静静地听着那位暴怒的客户大声的"申诉"，并对其表示同情，让他尽量把不满发泄出来。当时，那位客户就悻悻地回家了。

后来接连几天，这位"调解员"都上门与那位客户谈心。此时，那位息怒的顾客把这位调解员已经当作最好的朋友看待了，并自愿把该付的费用都付清了。

在这个案例中，为什么别人解决不了的问题，却被这位"调解员"轻松地解决了呢？这是因为"调解员"动用了情感的力量——让客户尽情地发泄内心的不满、耐心地倾听，最终让一个怒气冲冲的客户变得冷静下来，这样，所有的矛盾和问题也都迎刃而解了。

的确，感情是沟通的桥梁，要想说服别人，必须跨越这一座桥，才能攻下对方的心理堡垒，征服别人。与人交往，应推心置腹，动之以情，讲明利害关系，使对方感到你并没有任何不良企图。那么，对方是愿意相信你的。

那么，具体来说，我们应该如何在交际中运用这一策略呢？

1. 让你的微笑活泼一点

实际上，生活中的每个人，生来都会微笑，但随着年龄的增长，随着生活压力的加大，我们逐渐忘记了这一本能，似乎我们总是能找到让自己愁眉苦脸的理由，尤其是在陌生的环境里，微笑最容易被我们忽略。

事实上，如果你能笑一笑，并让你的微笑活泼一点，那么，别人就会被你的真诚和快乐所感染。因此，你不妨这样：当你接受了别人的帮助后，面带微笑地对他说声"谢谢"；清晨，当第一缕阳光照在你身上的时候，对你的爱人说声"早安"；当你的同事升职后，发自内心地对他说"恭喜你"。一旦你的言词自然而然地渗入真诚的情感，你就拥有了引人注意的能力。

2. 动之以情

这需要我们在说话的时候，尽量站在他人的角度考虑，就事论事、将心比心，再在你的语言中加入一些情感因素，相信对方一定会被你感动的。

3. 真心关心他人

用情感打动他人，还需要我们懂得从对方的心理角度出发，说出最让对方感动的话。比如，在对方最无助的时候及时出现并说出安慰的话、关心对方最关心的人、多考虑对方的利益等，让对方真正地感受到我们的温暖，那么对方自然愿意对我们打开心扉！

总之，在人际交往中，若我们能做到以诚待人，真诚地帮助他人，就可以使陌生人对自己微笑，就可以化解他人的疑虑、冷漠、抗拒，从而换取他人对自己的信任和好感。

用自己的小秘密快速拉近彼此距离

我们在与人交往的时候，都希望展现自己最完美的一面，以此给对方留下最好的印象，但我们忽视了一点，金无足赤，人无完人，"坦白交代"，适当暴露自己的小缺陷，似乎更显真诚与可爱，更有助于攻下对方的心理防线。

生活中，我们发现，那些"趋于完美""毫无瑕疵"的完美主义

者，似乎总是"曲高和寡"，并没有太多的朋友。可以说，越是苛求完美，人际关系越差，因为这些人虽然优秀，但不可爱，会让人产生一种敬畏和猜疑心理，而不愿与之深交。在与陌生人交谈的过程中也是如此，那些表现得十分完美的人，人们往往敬而远之；相反，适度地表达缺陷，却可以赢得关注。

举个很简单的例子，生活中，可能我们都看过这样的情景：每当商场或者百货公司举行一些瑕疵品促销活动时，必然会引来众多的消费者，就连平时打折的时候都没有这么多顾客。为什么瑕疵品还能获得顾客的青睐呢？这是因为，即使消费者都想购买尽量完美的商品，但他们也知道，这个世界上，不可能有十全十美的东西，与其买那些被推销员吹嘘得近乎完美的商品，还不如购买真实的、存在瑕疵的商品。

1991年9月19日，杨澜应邀主持第九届大众电视"金鹰奖"颁奖文艺晚会。在报幕退场时，不小心被台阶绊了一下，"扑通"一声滚倒在地上。这意外的洋相，使场内顿时一片哗然。然而杨澜一跃而起，笑容可掬地说："真是人有失足、马有失蹄呀，我刚才这个'狮子滚绣球'的节目滚得还不够熟练吧？看来这次演出的台阶不那么好下哩，但台上的节目很精彩。不信，瞧他们的。"话音刚落，全场观众为杨澜机敏的反应爆出热烈的掌声，有的观众还大声喊："广州欢迎你！"

显然，这一跤，非但没有摔倒杨澜的形象，反而更让广州人民领略了著名主持人的可爱。虽然杨澜并不是主动地自我暴露，而是偶然摔了一跤，但从观众的表现中，我们发现，人们更喜欢与那些有点小缺陷的人交往，并且更愿意亲近他们。

有研究结果表明：对于一个德才俱佳的人来说，适当地暴露自己的一些小小的缺点，不但不会损害形象，反而会使人们更加喜欢他。这就是社会心理学中的"暴露缺点效应"。"自我暴露会让别人喜欢你"，美国社会心理学家西迪尼·朱亚德通过一系列实践得出了这个结论。

犯点小错误，是增进交际双方感情的有效方法。犯错误不难，但是

故意犯错，却是一件难事，那么，我们在故意犯错的时候，应该注意什么呢？

1. 要不露痕迹

如果让对方看出我们是在故意犯错，不仅不能达到增进彼此关系的目的，还会弄巧成拙，甚至引起对方的记恨，因此，我们要在"不知情"的情况下犯小错误。

2. 把握好暴露自己的度

要在不伤及大局的情况下犯一些小错。对于这个度，我们要把握好。因为"过多地暴露"或者"和盘托出"都存在风险。过度地暴露自己，很可能会让对方顺着你的思路去思考和评价你，最终使让对方远离你，因为和人们不喜欢"完美"的人一样，他们也不喜欢满身是缺点的人。

因此，提倡"自我暴露"，并不是让你把自己的"老底"都揭给对方看，不分场合和对象地将自己"暴露无遗"，比如，在职场上，我们不能因小失大，不能因为讨好同事或者领导，而让自己犯一些原则性错误，比如，账目问题、工作态度问题等，我们不妨选择暴露那些不会影响到整体形象的"小事件"或者"小缺点""小毛病"等，正因为这些小瑕疵的存在，我们才会显得更真实，更可爱。

3. 袒露自己无伤大雅的往事

比如，闲暇时候，你可以和同事聊聊自己曾经的失败，这比谈自己的成功更易拉近彼此间的距离。因为总是炫耀自己的成功容易让人反感，从而留下不好的印象。这样，我们就能避免故意犯错，因为首先在态度上我们已经表示了友好，对方就没有不接受的道理了。

4. 要遵循相互性原则

这里的"相互性原则"的含义是："自我暴露"的速度必须是温和的、缓慢的，绝不能让对方惊讶。如果过早地涉及太多的个人亲密关系，反而会引起对方强烈的排斥情绪，进而引起对方的焦虑和自卫反应。

暴露自己，要达到让对方产生如"这个人有点小缺点，但是其他方

面挑不出毛病来，是个相当不错的人"类似的想法这一效果，学会以上这些暴露自己的技巧，我们在与难以相处的人打交道时会更有效率，而且你会发现这些人似乎没那么难以相处。与此同时，也提高了自己与人相处和人际交往的能力。

有充分的自信，才会赢得信任

自信，是建立在正确的自我认知的基础上，是相信自己能达到一种目标的表现；反过来，自卑则是只看到自己的缺点和不足，而看不到自己的优点和长处，是不相信自己、自我贬低的表现，并且自卑者很害怕失败，在与人交往时更显得畏缩、被动。

生活中，人们常说："你自己永远是信任你的最后一个人——即使全世界没有一个人信任你了，还有你自己信任你自己。"列宁也说过："自信是走向成功的第一步。"同样，在人际交往中，我们也更愿意相信那些自信十足的人，因为他们焕发出来的精神面貌是积极向上的。这一点，也证明了"人不自信谁信你"这一道理。在如今这竞争日益激烈的时代，如何才能成功，如何才能让别人看到自己的光芒？请从相信自己做起。

我们来看看下面这个故事：

小泽征尔是世界著名的音乐指挥家。一次，他去欧洲参加指挥家大赛，在进行前三名决赛时，他被安排在最后一个参赛，评判委员会交给他一张乐谱。小泽征尔以世界一流指挥家的风度，全神贯注地挥动着他的指挥棒，指挥着一支世界一流的乐队，演奏着具有国际水平的乐章。

演奏中，小泽征尔突然发现乐曲中出现了不和谐的地方。开始，他以为是演奏家们演奏错了，就指挥乐队停下来重奏一次，但仍觉得不

自然。这时，在场的作曲家和评判委员会的权威人士都郑重声明乐谱没问题，而是小泽征尔的错觉，小泽征尔被大家弄得十分难堪。在这庄严的音乐厅内，面对几百名国际音乐大师和权威，小泽征尔不免对自己的判断有所动摇，但是，他考虑再三，仍然坚信自己的判断是正确的。于是，小泽征尔大吼一声："不！一定是乐谱错了！"他的喊声一落，评判台上那些高傲的评委立即站立向他报以热烈的掌声，祝贺他大赛夺魁。原来，这是评委们精心设计的圈套。前面的选手虽然也发现了问题，但却放弃了自己的意见。

是什么让小泽征尔敢于"挑战权威"，并大胆质疑评委们？"不！一定是乐谱错了"！是自信！倘若他不能坚信自己的判断是正确的，和其他几位选手一样，即使发现了问题，也不敢提出来，或者放弃自己的意见，那么，在这场比赛中，他只能和其他选手一样，被淘汰出局。

可见，"自信"是一种力量，一种涵养，一种品质。只要你有自信，哪怕你身处险境，也能平静而坚强地面对一切，面对人生。你的人生也不会就此黯淡，因为你的自信使你的生命充满希望和憧憬。相反，你若缺乏自信，你便缺乏前进的动力和勇气；缺乏自信，便有可能功败垂成；而一旦失去自信，你的生活和生命里就会失去阳光。当然，自信也要有"度"，否则，就会变成狂妄自大，走向反面。

那么，在人际交往中，我们应该怎样增强自己的自信心呢？主要有以下几点：

1. 做自己能做好的事

社交活动中，每个人都在扮演着自己的角色。其实，你不必刻意地表现自己，只要做好自己的本职工作，并且做到专注、认真，那么，你的个性魅力就会散发出来。总之，你要制定好计划，要了解当下你需要做什么，然后加以实践，你没有必要非去扮演交际中的中心人物，没有必要做出伟大、不平凡的行动，只要是自己能力所及的事就足够了。

2. 挑前面的位子坐

不知你是否注意到，偌大的教室，那些后排的座位，早已被成绩差的学生占满了。这是为什么？占据后排座的大部分人，因为成绩不理想而缺乏自信心，故而选择不起眼的后排座。

而坐在前面能树立信心。你不妨把它当作一个规则试试看，从现在开始就尽量往前坐。当然，坐在前面会比较显眼，但要记住，有关成功的一切都是显眼的。

3. 练习正视你的交往对象

眼睛是心灵的窗户。如果你不敢正视别人，就会让别人产生这样的想法："你想要隐藏什么呢？你怕什么呢？你会对我不利吗？"很明显，对方就产生了一种不信任。实际上，这也是你不自信的表现。而正视别人就等于告诉对方：我很诚实，而且光明正大。我相信我告诉你的话是真的，毫不心虚。

4. 稍微加快你的走路速度

生活中，我们可以发现，那些信心十足的人，走路的时候，总是抬头挺胸、昂首阔步；而那些信心不足的人，走路则总是萎靡不振。可见，如果我们能稍微加快走路的速度，也会在无形中增加我们的自信心。

5. 练习当众发言

那些在重要场合不发表言论的人，并不一定是能力不足，或者没有自己的观点，而是因为他们缺少信心。他们通常会认为："我的意见可能没有价值，如果说出来，别人可能会觉得很愚蠢，我最好什么也不说。而且其他人可能都比我懂得多，我并不想让你们知道我是这么无知。"要想树立信心，就要打破这一魔咒，从积极的角度来看，如果尽量发言，就会增加信心，下次也更容易发言。

如果按照以上五点来不断修炼自己的信心，你就会感到自信心在滋长，你在别人心中的威信也会不断地增长。

借用他人之口，赢得对方的信任

营销中，都有个观点，那就是首先要"营销自己"。其实，在现代社会中，我们若想赢得他人的信任，也要学会"营销自己"。会营销的人往往懂得一些策略，他们不会自吹自擂，而是善于借用他人之口，因为人们都有一个心理，他们认为第三者的评价比当事人的言语更中肯、客观。这一点，已经被很多营销人员运用到了工作中。

最近，作为汽车销售主管的杰克迎来了一笔大生意，某客户要为单位高层领导购置一批汽车。于是，这天，杰克和这位客户坐在了谈判桌旁，准备就这一问题进行交涉。

杰克先告诉客户那几辆历尽沧桑的老车一个令人惊讶的折旧价，然后再给新车开了个令他更满意的价钱。最终，这位客户转而去了其他公司，但杰克知道，这位客户一定还会再回来。果然，不到半个小时，这位客户就回来了。因为杰克报出的是最令他满意也是最低的价格。

杰克详细地写下了这笔交易的注意事项，并请这位客户签名，然后故作不经意地问这位客户其他业务员给他什么价码。客户在这当儿，红着脸说出谈判中最宝贵的法宝：情报——也就是另外一家开的价码。

杰克接着说："还有一道手续，每笔生意都得我们经理通过才行。我马上打电话给他。"杰克按下电话上的对讲键，说道："呼叫奥蒂斯先生……呼叫奥蒂斯先生。"而事实上，根本没有奥蒂斯先生这个人物。是有一位销售经理没错，不过真名却是史密斯。

销售经理出面了，把杰克拉出房间，让客户独自心焦如焚一阵；不久，杰克回来了，说明经理不允许成交这笔生意，因为这价格实在是太低了，然后再以其他家出的价码和这位顾客谈。最终，这位客户以每辆高出原先价码300美元的价格买下了这批车。

第7章 心理自助策略：提升自己的影响力

这里，我们发现，销售主管杰克是个多么高明的谈判高手！其实，他并没有使出什么特别的计谋，只是先给车子开了个很低的价格，留住了客户。然后利用客户已经对汽车产生感情的心理，频繁制造事端，把价格重新调到自己认为合适的价格。而我们最佩服他的是，他居然在关键时刻请出了一位虚拟的人物，以这位人物的名义限制买卖，对客户欲擒故纵，而这时的客户已经招架不住，只希望赶紧把车买回家。

事实上，无论是推销工作还是人际交往，最重要的就是信任，对方不信任我们，一切无从谈起。而很多时候，我们苦口婆心地表达真诚，对方却不领情。此时，假如有第三者出来帮我们说话，那么，就能一锤定音，赢得对方的信任。那么，具体来说，我们应该如何借助他人之口赢得信任呢？

1. 搭便车、找个"公关代言人"

这也就是人们说的借助他人之口来为自己说好话。如果你觉得实在不好开口"表扬"自己，尤其是向关系不熟的人表扬自己，那么，你还可以尝试这样一招：找一个赏识你的人做形象代言。借他人之口，来为你间接公关。例如，在某些会议上，当领导要求发言时，他可以为你打头阵："这个案子从刚开始就是××跟进的，他贡献不小，我们不妨听听他的看法。"或在私下场合时不时地提及你的"成绩"，这样的侧面表扬显得更加客观有力。

当然，让他人做我们的形象代言人的前提是，我们要搞好与对方的关系，与其做朋友。

2. 发动你的熟人，帮你制造声势

以销售活动为例，假如你的客户迟迟不肯成交，此时，你可以发动你的熟人假意购买你的产品，这样，势必会让客户产生一种即将失去的错觉，此时，他们便会不再犹豫，加快购买的速度。通常情况下，人们对于被人抢走的东西，珍惜感都会倍增。

同样，人际交往中，如果对方不信任你，你也可以让你周围的亲戚、朋友、同事、上司等这些熟人来制造声势，在所有人的信息渲染

下，对方自然也会对你产生信任感。

当然，在利用这一技巧帮助我们赢得信任时，你还需要注意的是：

（1）隐藏好自己，如果让对方发现其中的端倪，那么，只会惹恼对方。

（2）保持自然的态度，指的就是让对方感觉到第三者的评价都是正常的，不是故意而为之。

运筹帷幄，令对方对你肃然起敬

现实生活中，有很多人都应该算过命，并且对算命先生的话深信不疑，那么，算命先生是怎么让求助者信任他们的呢？很简单，首先，算命先生会说出一连串与求助者相符合的"事实"，比如："你家中有三姐妹吧？""你在八岁的时候受过一次伤？""你父母婚姻不顺。"等等。一旦你点头，那么便证明你开始信任他了，接下来，他们要做的就是在已有的信任的基础上发挥自己的"算命能力"。而对于他的话，你是深信不疑的。

那么，算命先生真的有那么神吗？当然不是，我们先将其是"如何知晓这些事实"的这一问题放在一边。我们不得不承认的一个事实是：他们利用心理策略取得了求助者的信任。为此，我们不难得出这一技巧的精髓：事事说中，会让对方对你肃然起敬。同样，人际交往中，在正式结交前，先对对方进行一番了解，这样，不仅能掌握一些双方交谈的谈资，更能帮助我们赢得对方的信任。我们先来看下面的一个故事：

李文攻读完心理学硕士以后，被一家心理学机构高薪聘请，但缺乏实战经验的他被安排在基层实习一个月，自然，这在情理之中。

有一天下午四点左右，他遇到一个麻烦的客户，有很多问题他解决不了，大家都在忙，他想，去问主管吧，刚好可以交流一下。当他敲门进去的时候，主管正在看杂志，李文心中暗想，做领导真好，这么悠闲。于是，李文慢慢地把事情和领导说清楚，可是李文却注意到了领导的一个动作：双手合拢，从上往下压。根据李文的经验，领导一定是遇到了什么事情，再一看，领导办公桌上有一封信，并不是公司信件。李文明白了，估计主管刚刚看杂志也是想让自己镇定下来，于是，为了不打扰主管，李文找个理由离开了办公室。走出办公室后，李文问了主管秘书到底是怎么回事，原来主管在美国的老父亲突然病逝，家人昨天寄来了信。

接下来，李文并没有着急回家，而是等在公司大厅，后来，主管出来了，李文拍了拍他的肩膀说："不要伤心了，走，去喝一杯。"主管先是一惊，李文是怎么知道的？但无论如何，他还是答应了。那天晚上，半醉之下，主管跟李文说了很多肺腑之言，尤其是老父亲是怎么辛苦养大自己的。

经过那次之后，李文便和主管在私下成了非常好的朋友。

毕竟是学心理学的，从领导的几个小动作中，李文就看出了领导有心事急需平静，便不再打扰，聪明的他很快又从秘书那里得知到底发生了什么事，然后他便充当了一个知心朋友的角色，领导就会感觉到李文的善解人意，关系自然会拉近一步。

从这个案例中，我们不难发现，获得对方信任、增进人际关系的一个方法便是说中对方的事，让对方和自己站在同一战线上。那么，具体来说，我们应该怎样运用这一心理策略呢？

1. 事前多了解，不能说错

要想说中对方的事，有时候，并不是靠猜就能做到的。因此，在与人交往前，我们最好先做一番了解，对对方的了解越细致越好，如果你说错了对方的事，那么，你所做的努力就会前功尽弃，比如，原本你想与王某套近乎，结果一开口就说："你就是××公司的李经理吧？"对方还有与你交谈的兴趣吗？

2. 说中对方的心事最佳

人的一生是由大大小小的事构成的，但不是所有的事，都能被我们记住，也不是所有的事都会成为我们的一段刻骨铭心的"记忆"。因此，提及别人连自己都记不住的事，会让对方丈二和尚摸不着头脑，是无法起到让对方信任的作用的。因此，聪明的人会选择说中对方的心事，一开口便能击中对方的内心，你还担心彼此没有交谈的话题吗？

当然，以上两点都是基于对交谈对方有所了解的基础上，不过同时，我们还要善于观察，善用心理策略，把话说到对方的心坎儿上，才能真正让对方对我们敞开心扉！

专业素质必不可少

现实生活中，我们每个人都在一定的领域内发挥着自己的价值，因此，都有自己熟悉的专业。同样，人们对于那些专业能力强的人往往更信任，因为这意味着他们对于同一件事的处理能力比别人强。根据这一点，我们可以得出这一策略：与人交往，我们在发现了对方的长处后，应尽量多说专业用语。比如，当你想赞美一位研究历史的教授，你可以谈及对方曾经发表的论文和专著，并对其中的某些内容加以正面评点。

销售员小江从客户那里回来后，愤愤不平，正向同事小刘诉苦。

小江："刚才那个客户真是烦人，他什么都不懂，还非冒充是行家，我向他介绍了半天我们的产品，但他似乎听不明白，说我卖的电脑这里不好，那里不好。还说他们家那台老式的电脑是目前市场上卖得最火的，我看至少有三四年的时间了，你说好笑不好笑？"

小刘："那你怎么说服他的呢？"

小江："说服他？刚开始我和他讲解现在的市场行情他不听，后来

我生气了，和他大辩了一通，我使出浑身解数。结果他一句话都说不出来了，哈哈。"

小刘："那他有没有说要买你的电脑呢？"

小江："……"

在这个案例中，小江在拜访潜在客户后，因为不顺利而向同事诉苦："我向他介绍了半天我们的产品，但他似乎听不明白。"实际上，小江在抱怨的同时，可能忽略了一点，客户之所以不同意他的观点，是因为他的表达不够专业，无法令其信服。而小江与客户争辩，更是不可取的行为。因为你与客户交流的最终目的是说服其购买，而不是和客户争辩，如果你在争辩中获胜了，他自然会对你更加痛恨，当然拒绝和你交易；如果客户获胜了，他会流露出一副扬扬自得的神情，更加鄙视销售员，自然也会看不起你的产品。而我们在与潜在客户沟通的过程中，如果能做到谈吐专业，那么，自然会避免很多类似于案例中的问题。

的确，人际交往中，无论在何种情况下，专业化的语言都能使我们顿时变得可信。

那么，具体说来，我们应该如何表达呢？

1. 讲解切勿喋喋不休

通用电气公司的一位副总经理曾说："在代理商会议上，大家投票选出导致推销员交易失败的原因，结果有3/4的人——也就是一多半的人认为，最大的原因在于推销员喋喋不休，这是一个值得注意的结果。"可见，任何时候，我们都不能喋喋不休，这是一种专业素养缺失的表现。同时，如果我们说话喋喋不休，也会使得对方失去提问和回馈意见的机会，这无疑会让对方感到懊恼，没有哪个客户愿意与毫不顾及自己感受的人谈话。

2. 不要使用太过专业的语言

我们在谈话一开始使用专业术语，不但容易让对方产生疏离感，还可能使对方对我们讲解的不理解。所以在与对方交谈时，我们要尽量使用简洁明了、通俗易懂的语言，以在对方心中形成一种平易近人

的印象。

3. 当对方产生不解时，请停止讲话

有时候，当我们谈到一个问题兴致正浓时，却发现对方不明就里。此时，我们可能会束手无策，但请记住，此时，千万不能硬着头皮继续说。而应该停下来，听听对方的意思，这样才能了解对方的想法，哪怕对方的想法是不切合实际的。

4. 适时沉默

任何沟通都是双向的。赢得人心需要好口才，但决不可以卖弄口才。有些人总希望用出色的口才让对方产生信任感，但却忽略了一点，那就是人们通常会以为那些巧舌如簧、太能说的人是不值得信任的。因而，我们在与对方交谈时不仅要有适度的表现，还需要有巧妙的沉默。

5. 语言表达清晰、稳重

交谈中，语言表达的轻重缓急也是很有讲究的，该让对方听清的地方就要缓一些，不重要的信息就可以一句带过。如果张口结舌或连珠炮似的大讲一通，对方就会产生一种急迫感，从而心生不信任之感。

总之，在与人沟通的过程中，不管对方的态度如何，我们都要戒骄戒躁，耐心讲解，尽量用最专业的素养来赢得对方的信任！

犯点可爱的小错误

生活中，我们都有过这样的感触：那些骗人者似乎都为人精明，而那些犯傻糊涂的人似乎更单纯，所以，几千年以来，那些真正的智者都懂得这一心理策略——装点糊涂、装装傻，更易获得他人的信任。的确，在当今社会，会装傻的人往往左右逢源，交际中如鱼得水。装傻是一种最高境界的交际哲学，装傻并非真傻，而是大智若愚。

苏联卫国战争初期，德军长驱直入。这是一个关乎整个民族生死存亡的时刻，因此，即便那些曾经驰骋沙场的老将们也带头要保卫祖国。其中就包括铁木辛哥。当然，他们的年纪的确让他们感到力不从心，在这种情况下，一批年轻的军事家脱颖而出。

江山代有才人出，老将们不得不承认未来的天下是属于年轻人的。但是，他们在思想上肯定也是有波动的。

1944年2月，苏联老元帅铁木辛哥受命去波罗的海，他的任务是协调一、二方面军的行动，青年将领什捷缅科被任命为他的参谋长。其实，什捷缅科心里明白，这位老元帅对总参部年轻人的能力是持怀疑态度的，但这是上级的命令，他只好服从。

他们一起上了通往波罗的海的火车。晚饭时，一场不愉快的谈话开始了。铁木辛哥先发出一通连珠炮："上级为什么派你做我的参谋长，难道是来监督我的？别做梦了。当年我领军打仗的时候，你们还是一群只会在桌子底下爬的孩子，我们为你们建立了苏维埃政府，而如今，你们从军事学校毕业，就觉得自己很了不起了吗？革命开始的时候，你才几岁？"这通教训，简直一点情分都不留。但什捷缅科却老实地回答："那时候，我刚满10岁。"接着，他又心平气和地与老元帅交谈了一会儿，并表示自己很愿意向他学习，最后，铁木辛哥说："算了，外交家，睡觉吧。时间会证明谁是什么样的人。"

就这样，他们一起并肩战斗了一个月。又一次，他们在一起喝茶，铁木辛哥突然说："现在我明白了，我误会了你，你不是我想的那种人，我还以为你是斯大林专门派来监督我的……"后来当什捷缅科被召回时，心里很舍不得和铁木辛哥分离。又过了一个月，铁木辛哥亲自向大本营提出要求，调这个晚辈来共事。

长江后浪推前浪，这是理所当然的事，作为老将的铁木辛哥心中自然不好受，这也是情理之中的事。面对铁木辛哥的发难，什捷缅科在受辱之时装憨相，过了老元帅这关，体现了后生的谦卑及对老人的尊重，表现了自己的单纯，是大智若愚的表现。懂得装傻者绝非傻子，憨厚有时要有最高的智慧才能为之。许多时候，要想受到别人的信任，就必须

掩藏你的精明。具体来说，需要我们做到以下几点：

1. 睁一只眼闭一只眼，不要指出对方的错误

当然，要运用好这一冷读术，在与人交往的过程中，我们就要做到睁一只眼闭一只眼，揣着明白装糊涂，这是一种大智慧。的确，语言的功效固然不容置疑，但是很多时候单凭言语难以说服对方。采用交际情境表意，睁一只眼闭一只眼，如果对方在言论中有一些错误，不要第一个跳出来指出，这会让他人很没面子，没有人喜欢与揭自己短的人结交。

2. 修炼"演技"，藏好自己

当然，我们还需要较好的演技，于"大愚"之中藏大智。在人际交往与应酬中，真正有智慧的人是看不出来的：姜子牙用直钩钓鱼，放弃了河中三寸草鱼，钓来了800年周朝天下，是舍小取大的智者；范蠡，辅明主，三千勇士奇吞十万铁甲，辨时事，功成知危携美人归隐江湖，是个不可否认的智者、财神；诸葛亮曾躬耕于南阳，而定天下三分之势，屈身于草庐，却引刘备三顾而不辞辛劳，后虽误用马谡而失街亭，虽死守承诺而扶阿斗，但是无人能够否认他是典型的智者。与人交往，虽然不需要"定天下"的大智慧，却需要我们懂得适时"装傻"的冷读术，不露自己的高明，更不能纠正对方的错误。做一个单纯的人，更易赢得信任！

第8章 心理识谎策略：如何识破他人的假话

通过细节判断对方的言语真实性

现代社会，我们一直倡导诚信原则，但我们又时常看见有违这一原则的现象，有些人为了自身利益不惜欺骗他人。当然，有时候，有些谎言的出发点是善意的，他们可能是为了保护某个人不受伤害。但谎言无论是善意的还是恶意的，它的存在都隔断了人与人之间真诚的关系。不管怎样，我们都要学会识破谎言。如果对方的谎言是善意的，我们就更加能够理解对方的苦心，避免彼此之间产生误会，加深彼此之间的感情。如果对方的谎言是恶意的，识破谎言则有利于保护我们自己不受伤害。那么，怎样识破谎言呢？其实，我们都知道，任何一句谎言的存在都不是以事实为根据的，为此，撒谎者必须事先计划好，但无论如何，它都会存在一定的漏洞，这就是我们识破谎言的入口。因此，我们可以掌握这样一条心理策略：多多提问细节，对方便会在不知不觉中暴露自己。我们先来看看下面这个爱情故事：

杰克和琳达已经相恋五年，长久以来，琳达都对杰克不满，因为她认为杰克是一个胆小怕事的男人，生活中的大小事，杰克都会让琳达先试一试。

有一次，他们出海游玩，但就在他们准备返航时，却遭遇了飓风，他们乘坐的小艇被飓风无情地摧毁了。危急时刻，幸亏琳达抓住了一块木板，两个人才保住了性命。面对着一望无际的大海，琳达问杰克："你害怕吗？"听到琳达这么问，杰克却一反常态，表现得非常英勇，

第8章 心理识谎策略：如何识破他人的假话

他从怀中掏出一把水果刀，一本正经地说："害怕，但有我在保护你。如果真的遇到鲨鱼，我就用这个来对付它。"看着那个小小的水果刀，琳达不禁摇头苦笑。

后来，他们看到了一艘轮船，便急忙求救。但就在这时，他们看见不远处有一条鲨鱼，琳达赶紧对杰克说："杰克，赶紧用力游，我们一定会没事的！"想不到的是，杰克突然用力把琳达推进海里，独自扒着木板朝轮船奋力游去，并且大声喊道："亲爱的，这次让我先试！"琳达惊呆了，望着杰克的背影，她感到自己必死无疑。鲨鱼正在靠近，但是，令人惊讶的一幕发生了，鲨鱼径直向杰克游去，并没有像琳达担心的那样向自己直冲过来。鲨鱼凶猛地撕咬着杰克，血水瞬间蔓延开来，在最后的时刻，杰克竭尽全力地冲琳达喊道："我爱你！"

因为鲨鱼冲向了杰克，所以琳达获救了。甲板上的人都在默哀，船长坐到琳达的身边说："小姐，你的男友是我所见过的最勇敢的人。我们为他祈祷，希望他在天堂里没有痛苦！""勇敢？他是个胆小鬼！"琳达伤心地说，"他在危急时刻抛下我独自逃生……"船长惊得张大了嘴巴："为了救您，他牺牲了自己的生命，您怎么能这样说他呢？"琳达疑惑地看着船长，船长接着说："刚才，我一直在用望远镜观察你们的情况，难道你不纳闷为什么鲨鱼对近处的你'口下留情'，而径直游向远方的他吗？原因其实很简单，我清楚地看到他把你推开后，用刀子割破了自己的手腕。大家都知道，鲨鱼对血腥味很敏感。假如他不这样做，恐怕你早已葬身鱼腹了……"

看完这个案例，我们不禁被杰克对琳达的爱深深感动，也为琳达对杰克的误解而感到遗憾。幸运的是，有一个船长目睹了事情的真相，否则，琳达岂不是要误会杰克一生？在现实生活中，不会总有这么一个明察秋毫的船长来为我们揭示真相的，所以我们必须清楚地意识到：很多时候，眼睛看到的事情未必都是真的。要想知道真相，我们就必须去探究事情的细节，这样才能揭开事情的真相。

通常情况下，人们为了圆谎，都会在撒谎之前编造好情节，这样才能在别人询问的时候从容应对。当然，也不排除有很多人是临时决定

撒谎的，这样一来，没有经过缜密的思维，就会漏洞百出。不管是事先预谋好的，还是临时决定的，撒谎者只能编造大概的情节，却很难编造完美无瑕的细节。很多时候，只有亲身经历过的事情，人们才能说出翔实确定的细节。而撒谎者，因为是捏造的，所以根本不可能像亲身经历者那般对细节问题言之凿凿。举个很简单的例子，一个丈夫可能会骗妻子说昨晚之所以没有回家是因为在加班，但是，当妻子问他和谁一起加班时，他往往很难回答，因为他没有真的加班，所以不敢随便说和谁加班，以免妻子去核实。这时，他往往会含糊其辞，顾左右而言他；反之，如果他没有撒谎，一定会毫不迟疑地告诉妻子自己是和谁一起加班的，这就是细节的绝妙之处，很难伪造。难怪人们常说，如果你撒了一个谎，就要撒更多的谎来圆这个谎。

总而言之，为了揭开真相，我们一定要展开细节询问，这样才能识破谎言。其实，很多人都不喜欢被骗，不管是善意的谎言，还是恶意的谎言。所以，我们还是真诚相待为好。

迂回前进，试探真心

我们都知道，人际交往中，人们出于各种原因，内心世界往往是隐蔽的，甚至会用谎言来遮掩自己的真实意图。此时，我们要想探求对方的真心从而攻破对方的心理堡垒，就需要掌握一些心理策略。其中，我们不妨运用旁敲侧击法——正面询问无效果，我们不妨从侧面试探。比如，生活中，一对谈恋爱的男女，男孩子想知道女孩是否真心喜欢他，可以试探女孩："我给你介绍个男孩认识吧。"如果女孩喜欢他，会很坚决地告诉他："不用了。"这样的场景恐怕生活中很多恋爱男女都经历过。我们再来看下面的故事：

莉莉与小齐初中毕业后就一起来到城里的一家餐馆打工，她们关系很好，可谓是无话不谈的朋友，但两人的行事作风却有点差异。

一次，莉莉在收拾餐桌的时候，发现了一部手机，肯定是客人落下的，莉莉早就渴望有一部手机了，于是，她想悄悄地据为己有。不巧，这被小齐看见了，让她上交，可莉莉说："什么呀，我没拿什么手机啊。"

小齐说："莉莉，你知道什么叫'不劳而获'吗？"

"不知道！"莉莉嘟着嘴回答。

小齐说："'不劳而获'就是不经过劳动而占有劳动果实。说得确切点是占有别人的劳动果实！"

"我可不懂那么多。"莉莉有点不耐烦了。

小齐耐心地问："你说，抢别人的东西是不是'不劳而获'？"

"是的。"

"你说，偷别人的东西是不是'不劳而获'？"

"当然是的。"

"那么，拾到别人的东西据为己有是不是'不劳而获'呢？"

"这，这……当然……"莉莉这时不知道该说什么好了，变得吞吞吐吐。

看到莉莉已经同意了自己的观点，小齐顺势说："其实，拾到别人的东西据为己有和偷、抢得来的东西，在'不劳而获'这一点上是相通的。除了遵守国家法律，我们还应遵守一定的社会公德，再说我们来的时候，老板都为我们念了店里的工作守则，其中就有一项：拾到顾客遗失的物品要交还，我们还想在这家店长干下去呢，可不能因为这点蝇头小利丢了工作啊！咱想要手机，就要靠自己的能力挣钱买，那样用着才理直气壮哩！"

最后，莉莉主动把手机上交了。

上面案例中的小齐就是个会说话的人。她在发现好朋友莉莉准备将捡来的手机据为己有的时候，并没有直接追问，让对方承认这是一种错误的行为，而是采用"旁敲侧击"的方法，先提出一个看似与"捡手机事件"无关的"不劳而获"的定义，让莉莉明白什么是不劳

而获，从而逐渐由大及小，步步推进，最后切入实质性问题：拾到东西据为己有，同偷、抢一样是"不劳而获"。最后，聪明的小齐又把问题归结到莉莉想把手机据为己有的想法是不正确的，并劝说莉莉可以努力工作买一部手机。小齐的说服可谓是有理有据，莉莉自然也能接受了。

而现实生活中，很多人遇到这种情况，会站出来告诉对方："你怎么偷人家东西呢？"这样说，虽然出于好意，但无异于打人脸，对方必定不会接受，甚至还会找借口否认。其实，无论是出于什么目的，在探测对方真心的时候，一定要绕开关键点，因为那个点恰恰是你们冲突的焦点。如果你直奔主题，告诉对方要诚实，很容易引起对方的逆反心理，不仅令对方难以接受，对方还会和你对抗到底。那么，你的劝说难度将会加大，甚至根本无法成功；而如果你从侧面引导，一步步地回到你想要了解的关键点上，理由充分，别人一般都能接受。

其实，你若想探测他人真实的内心，可以运用"旁敲侧击"的说服技巧。从理论上讲，这符合心理学的基本规律；从实践中看，只要运用得恰当巧妙，就能取得理想的效果。

因此，与人交往，如果你想要达到自己的目的，不要直奔主题，不妨运用"旁敲侧击"法，同时，你要做到有理有据，让对方心服口服，而不能是说教式或者命令式的口吻。当然，这不仅需要有好的口才，还需要有好的态度，耐心地引导、启发对方思考，让其自主地接受你的观点！

别放过对方的任何表情

现代社会，无论是职场工作，商业竞争，还是与人打交道，我们

都必须了解对方的真实内心,只有知己知彼,才能百战不殆。而伪装的面孔往往带有迷惑性,这就需要我们懂得一些心理策略。那些善于伪装的人可能会让你觉得毫无破绽,但我们可以主动出击,主动问刺激性的问题看看对方的反应,看看对方的神色。如果他面不改色,那么,多半证明他所言非虚;倘若他神色慌张,那么则表明对方撒了谎。可见,用刺激性的问题让对方自乱阵脚,我们会节省很多精力。请看下面这样一个故事:

有一次,绍兴某贵族张员外的小公子抢了别人家小孩的毽子,还把人家打哭了。刚巧徐文长路过,就把毽子从小公子手里夺过来,还给那孩子。谁知小公子平时娇生惯养,哪里受过这样的气,他一下子大哭大闹起来,还说徐文长欺负他。于是,家丁就把徐文长押上堂,请知府发落。知府也不知道事情的原委,只得听二人在公堂上各讲各的理。

张员外大声喝道:"你敢欺负我的孩子?"

知府也赶紧应和:"是啊,徐文长,你可知罪?"

徐文长笑着说:"我并没有啊。据我看,张员外才是不知罪呢!"

张员外当然不高兴,大声问:"我为何有罪?"

徐文长说:"您家公子一早在踢这毽子,您想必知道这毽子上有羽毛,下面有铜钱,而铜钱上印的是嘉靖皇帝年号。小公子如今竟然手提毫毛,脚踢万岁,这岂不是欺君犯上?常言道:子不教,父之过,张员外又该当何罪呢?"

徐文长这招果然厉害,员外听后,立即吓得说不出话来,知府自然也听明白了事情的真相,不得不连忙笑道:"好吧,大家谁也不要为难谁了吧!"徐文长这才罢休。

这里,徐文长是怎么让张员外主动认罪的呢?他的这招就是"威胁",他针对张员外借题发挥的做法,借来了一个更大的题——脚踢万岁,放大"员外之子踢毽子"这件事的严重性,让张员外心中恐慌,以此来整治张员外,达到自己的目的。

这种策略的原理是:人们在受到刺激或威胁时,多半不会心平气

活学活用心理策略
huoxue huoyong xinli celüe

和,他们会暴露出内心的真实想法。温斯顿·丘吉尔说过:"一个人绝对不可在遇到危险的威胁时,背过身去试图逃避。若是这样做,只会使危险加倍。"归根到底,"刺激"并不是真正的目的,只是一种手段。"刺激"应包含下列含意:刺激的问题应该是能对对方起到作用的,而不是无关痛痒的;刺激的目的是让对方说真话。如果还是不能彻底地了解对方的脾气,想知道对方是修养特佳,还是伪装很好,试探对方也是一个很好的方法。比如,你可以提出一个非常偏激的观点,看对方的反应。如果他认同你的观点,那么基本可以确定他是人去亦云的人,不喜欢与人争辩;如果他与你讨论,那说明他有自己的主见。

那么,具体来说,我们应该怎样掌握这一门策略呢?

1. 了解对方的弱点

你的问题能否起到作用,就要看这一问题能否真的刺激到对方,因此,我们最好事先了解对方的弱点。

例如从反面说:"我承认,这款手机价格不菲……"这样一激,对方肯定会被激起购买欲。

2. 因人而用

我们在运用这一策略的时候,要先了解对方,因人而用。要对对方的心理承受能力有所了解,如果激而无效,那么也是白费力气。

3. 掌握火候,语言不能"过"

如果言语过于尖刻,就会让对方反感;如果说话平淡,就不能产生激励效果。语言不能过急,也不能过缓。过急,欲速则不达;过缓,对方无动于衷,也就达不到目的。

总之,我们在与对方交谈之前,越了解他越好,即使不能够做到,也要在交谈之中逐渐形成对对方的看法,然后再谈比较重要的事,这样也能够预料到他的态度,不至于让他误解或弄不明白你的意思,你的目的才更容易达到。

提重复的问题看对方的回答是否统一

法官判案时，经常会采用这样一种问话方式：当嫌疑人陈述了某些情况后，他会时不时地问嫌疑人："请你复述一下××晚上九点钟你在做什么？"如果嫌疑人在说谎，那么，法官会发现，他每次的答案虽然大同小异，但却都有细节上的不同。当法官问过很多次之后，他最后一次的答案可能和第一次的答案南辕北辙了。为什么会这样呢？因为人们对于自己没有做过的事往往都会想方设法去圆谎，而要编造一个谎言，他就需要再去编造更多的谎言来弥补这个谎言的漏洞，于是，他每次编造的谎言都会不同。而人们对于发生过的事，印象是相同的，口供也是相同的。因此，"重复的问题看对方的回答是否统一"就是法官们经常用到的审问嫌疑人的策略之一。

比如，作为妻子，如果你发现丈夫最近的行为异常，你可以这样"旁敲侧击"："对了，你说你昨天晚上和小刘他们打牌输了多少钱？"如果丈夫昨晚真的和小刘打牌，那么，既然他昨天晚上能回答出来，现在也一定记得输钱的数目。假如丈夫今天回答的数目与昨天的回答不同，那么，很明显，他昨天撒谎了。

我们再来看下面的故事：

小张是公司新来的员工，但似乎有点小偷小摸的毛病。

这天，当大家下班后，小张还想在办公室上一会儿网。正巧，他看见了主任办公室的门还开着，好奇心使他悄悄地进去看了一下。巧的是，办公桌的抽屉也没有上锁，里面放着厚厚的一叠钱。面对金钱的诱惑，小张最终没能抵挡住，于是，他顺手牵羊，拿走了几张百元大钞，并且，他很有自信地认为，没有人会发现。

但实际情况并非如此。第二天一大早，主任就在办公室嚷嚷起来了："你们谁偷了我办公室的钱？办公室怎么还有这样偷偷摸摸的人啊……"但没有一个人承认。其实，主任也听说小张有小偷小摸的毛

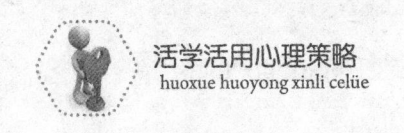

病,但没有证据,也不能说什么。这时候,主任秘书小王想出了一个招儿,能测出钱到底是不是小张偷的。

下班后,小王看见小张要离开公司,赶紧追上去问:"今天下班去干什么呀?不回家陪女朋友?"小王故意试探性地问。

"她在老家呢,不需要我陪。"

"哦,对了,刘主任的钱被偷了,你知道吧?也不知道是谁干的,每个人好像都有不在场的证据,我昨天和刘主任一起出的门,周大姐也说跟你一起下班的,真不知道是谁干的。"小王在说这些话的时候,偷偷看了一下小张的反应。果然,小张很慌张地接过话茬:"是啊,周大姐还跟我一起去喝了杯东西呢。"

"嗯,周大姐也说是你请她喝了一杯柠檬水呢……"小王和小张就这么聊着聊着一起离开了公司。

后来,快分开的时候,小王突然问:"小张,昨天你和周大姐喝的什么呀?"

"苹果汁啊,我最爱这个了。"小张随口一答,说完,他才知道自己说错了。

秘书小王让偷钱人小张不打自招的秘诀在于:他编造出了周大姐这个中间人,故意为小张制造了一个不在场的证据,而当小张对自己放松警惕,他再问这个问题,小张却回答错了。为什么会这样呢?因为小张在圆谎时,根本没注意到一个细节问题——这杯饮料到底是什么?而这一点,正是小王设下的一个圈套,当小王再提到这个问题时,他的第一反应是回答自己最爱喝的饮料,很明显,他是不打自招,也只好承认了偷钱的事实。

可见,我们在不知对手虚实的情况下,可以"使用"重复某一问题的方法来投石问路。但使用这一策略时,我们需要注意以下两个方面:

1. 所问的问题必须是细节性的、对方不曾留意的

就如案例中的秘书小王一样,问对方始料不及和不曾留意的问题,对方才有可能露出破绽。

2.对方前后几次的回答出入越大，越表明对方话语的真实性不高

有时候，对方前后几次回答的话中含义是同样的，但这也有可能是对方为了圆谎事先编造好的。此时，我们就要看他的几次回答的出入，因为人们对亲身经历过的事情，描述时基本上都会以同样的语气、词汇，否则，则会尽量想当然地编造语言。

可见，我们要想看透他人说的是否是真话，就要懂得主动出击，然后引导对方多暴露自己，最终把握好时机看出对方的真心！

通过眼神判断对方是否在说谎

俗话说："眼睛是心灵的窗户。"一个人的内心世界通常会或多或少地体现在眼神里，而很多时候，一个人的眼球变化更能体现他内心情绪的波动。因此，与人交往中，那些细心的、聪明的人往往会根据对方的眼球来判断对方话语的真假。如果一个人在说谎，他的眼球就会转来转去；如果一个人在真心实意地对待你，他的眼球所发出的视线就一直会朝向你，这表示他不是在说谎话。因为如果一个人在说谎，他的内心会很慌张，大脑也会紧张起来，不停地在想要说些什么谎话你才会相信，所以眼球也会一直乱动，生怕被你发现他在骗你。逃避你的眼神，不敢正眼看着你，是因为骗你时心里内疚。如果是一些骗人高手，他们就会跟着你的眼神走，你看哪，他就跟着你看哪，因为骗你的时候紧张，又怕你发现，所以干脆就跟着你的眼神走。

人们所表现出来的，最难以掩饰的部分，往往不是肢体动作、不是语言，而是眼睛，眼神里所传达的信息是无法假装的。我们看眼睛，不重在大小圆长，而重在眼神，而什么样的眼神，很多时候都是由眼球来决定的，首先反映在视线上，视线的移动、方向、集中程度等都能表达不同的心理状态。观察视线的变化，有助于人与人之间的交流。

一个人若心里特别难受的时候，他的眼里会饱含泪水，但是又不想被人发现，所以眼球看起来一闪一闪的；一个人若很开心，他的眼睛则清澈明亮，并且眉开眼笑；一个人若很生气，他的眼里虽说看不到火焰，但是他的眼神特别吓人，会一直死盯着你；一个人若很恨你，不仅会用眼神"杀死"你，更会恶语相加；一个人若很单纯、善良、天真，他的眼睛中一点杂质都没有，看起来很清澈、水汪汪的，而且看待任何人都是同一个眼神，不会变换，除非生气、开心，要是谁需要帮助，他的眼中会闪过一丝不安和焦虑，以示担心和关心。

那么，具体来说，我们应该怎样根据对方的眼球来推断对方话语的真假呢？

1. 说真话时的眼球

谈话时突然中断眼神交流，而往左下方看的时候，表示正在回忆，所说的话有可能是真的。

2. 说假话时候的眼神

谈话时突然中断眼神交流，而往右下方看，表示正在编造谎话。

3. 对现状表示少许尴尬和回避时的眼神

谈话时，突然中断眼神交流，面带微笑地躲避你的眼神，是一种窘境的表现，说明你触及了对方内心的羞愧感。

当然，要看一个人说话的真假，不仅要学会看眼球，还要学会看行为举止，还有说话时的语气和表情，要多方面地去观察。

通过反应速度来判断对方是否在说谎

俗话说，"一心不能二用。"的确，我们不可能同时把注意力集中于几件事上。正是因为这点，日常生活中，与人打交道，如果我们希望探测出对方的内心世界，从而利于我们采取进一步措施，我们可以制

造一些突发事件，看对方的反应速度来判断其话语的真伪，使其在一阵慌乱中被我们攻破心理防线。因为对于那些撒谎的人来说，在他们被问及某些意料之外的问题时，他们会忙于编造新的谎言来圆之前的谎，因此，如果对方反应迟钝，那么，很可能说明他撒了谎。

我们先看看下面这个故事：

有一对姓张的夫妇，他们已经结婚十年，早过了"七年之痒"。张先生是个体贴的男人，每年的结婚纪念日，他都会为妻子买一份礼物。但就在他们结婚的第十一个年头，张太太明显发现张先生不大对劲，他加班的时间多了，出差的次数也多了，凭女人的直觉，她怀疑丈夫可能有外遇了。于是，她准备试探一番。

这天，张先生还是和往常一样，夜里十二点才回来，张太太也和往常一样为酒醉的丈夫换衣梳洗。

"你今天是和老王一起喝酒的，什么事这么开心啊？"张太太故意问。

"是啊，老王升职了，他这么客气，非要请大家喝酒啊。"即使半醉的状态下，张先生还是很善于撒谎。

"是吗？可是我晚上八点多去逛超市的时候，明明看见老王和他大姐也在超市呢。"张太太故意试探性地问。

"你不说我还忘跟你说了，老王的姐姐今天晚上刚好从国外回来了，这不得好好地招待她，老王喝到半道儿就走了啊。"张先生说完这番话后，深深地吸了一口气，而这一切，都被张太太看在了眼里。

"可是我今天晚上并没有看见老王，我逗你玩呢。"张太太说。

"你、你、你……"张先生急了，他知道，这下子不得不跟妻子"招供"了。

上面案例中的女主人公张太太是聪明的，她猜到丈夫可能会撒谎，于是，她事先设下圈套，让丈夫往里面跳，然后通过反复问一些突发的问题来观察丈夫的反应。当然，张先生也是聪明的，但他聪明反被聪明误，还是不打自招，不得不承认自己撒了谎。

生活中，从他人语速语调的微妙变化中，我们可以看出他的心理

活学活用心理策略
huoxue huoyong xinli celüe

变化。比如，一个平时说话不紧不慢、慢条斯理的人在面对他人的一些评价后突然提高说话声音，那么，很可能表明对方对他的评价是错误的、不真实的，甚至是诽谤。如果一个人面对他人的批评和指责，半天说不出话来，然后低下头，那么，则表明这些指责是事实。如果平时一个语速很快的人突然减慢了自己的语速，那么，他一定是想强调什么，以引起他人的注意。对于语调，人们在兴奋、惊讶或感情激动时说话的语调就高；相反，语调则低。

当然，生活中，当我们在利用这一策略的时候，一定要注意：要深入地了解我们的交往对象，了解他们的性格。如果对方是个急性子并大大咧咧，你可以对其"愚弄"一番；如果对方心思细腻，你就要慎用这一方法，以免因小失大，得罪他人！总之，只有事先了解，我们才能作出轻松自如和正确的应酬决策，在与人交际的时候才能如鱼得水，轻松行走于世！

太过巧合的事，要仔细甄别

中国人常用"无巧不成书"来形容事情十分凑巧。的确，在我们的生活中，总是随时随地发生一些巧合的事，比如，你在大街上闲逛，无意中却碰到一个熟人；就在你离开某个地方后，该地却发生了一起事故……有些巧合的效果是正面的，有些却是负面的，当然，人们都喜欢前者。然而，生活中，并不是所有的巧合都是因"巧"得来，也有可能是人们为了圆谎而故意制造出来的巧合。因此，人际交往中，对于那些太过巧合的事，我们要仔细甄别。比如，如果你在某个私人场合，恰巧碰到你的丈夫和他的私人秘书单独在一起，那么，你就要思考一下了；如果你的孩子在成绩公布那天正好把成绩单弄丢了，那么，你也要想一下他是不是考得不好……生活中，值得我们仔细甄别的巧合实在太多

了。我们再来看下面这个故事：

刘女士经营着自己的一家皮具公司，因为经营有道，她的生意红红火火。但最近，刘女士在国外的丈夫的事业做得更好，希望她能过去帮忙，并且，已经为她办好了移民。这种情况下，刘女士只好把自己的公司转手，经过和几个收购公司几轮谈判之后，她看好了一家实力较好的公司，刘女士想再和这家公司的王经理谈谈收购价格的事。

这天，双方再次坐在了谈判桌前。刘女士以为对方会接受自己提出的收购价。谁知道，谈判到了一半的时候，王经理却被手下人叫了出去。一阵嘀咕之后，对方又走了进来。

"王经理，发生什么事儿了吗？"刘女士问。

"是这样的，刘总，外地有一家我们之前想收购的公司，他们一直不肯合作，现在他们公司发生了火灾，目前正打算低价卖给我们，既然这样的话，我们自然愿意收购这家实力很雄厚的公司。当然，刘女士您也很有诚意，如果您在价格上再让一步的话，我们也不会再费精力去与那家公司谈……"王经理一连说了很多话。刘女士静静地听着，她哪里会轻信这些话，因为她相信天底下巧合的事是有，但这样太巧合了，这家公司的火灾怎么发生得那么巧合，于是，刘女士说：

"王总，您看这样行不行，这事我一时半会儿也敲不定，我先跟我的几个董事商量一下，会尽快给您回复的。"听到刘女士这么说，对方自然答应下来。

其实，刘女士这么做，是为自己赢取时间做调查。果然，不出刘女士所料，所谓的外地某皮具公司失火的事，只是对方编造出来的一个幌子而已，为的是杀价。在得知这一消息后，刘女士很快给这家公司回应："真对不起啊，几个董事商量了一下，还是觉得这个价格已经很公道了，如果您觉得不能接受的话，那么，我们也很抱歉。"对方的答复果然也如刘女士所料——他们答应以刘女士开出的价格收购她的公司。

在这个案例中，我们不得不佩服刘女士的分析能力，在对方使出了一点小伎俩企图杀价时，她并没有自乱阵脚，而是先为自己赢得时间，

以调查对方所说是否属实，最终又赢回了谈判的主动权。

的确，很多时候，我们在与人交往的过程中，也会遇到类似于上面案例中的这种巧合之事，聪明的你一定要学会仔细斟酌，千万不要被那些看似巧合的事蒙蔽了眼睛，有时候，对方制造巧合只是为了隐瞒自己的谎言。从这里，我们可以得出一个斟酌巧合是否属实的方法，那就是要学会察言观色，因为制造巧合同样属于谎言的一部分，人们在说谎的时候，都会在神色、动作等方面露出破绽；另外，我们还要学会通过其他方法检验对方话语的真实性，就如同案例中的刘女士一样，可以先赢取时间，然后再调查。当然，无论用何种方法，我们都要多留一个心眼，对于那些太过巧合的事一定要仔细斟酌！

第9章

心理把握策略：
如何把握心理走势

活学活用心理策略
huoxue huoyong xinli celüe

激将法的妙用

现实生活中，我们经常看到这样一些聪明的销售人员，他们似乎总是知道客户要的是什么。我们先来看看下面这个故事：

小李是一名企业培训课程推销员，一直以来，他的业绩都很出色，这是因为他很机灵，总能把话说到客户的心坎上。

这天，他又来到一家公司推销。

小李："董事长啊，您是不是正为职员缺乏干劲而发愁呢？"

董事长："就是啊，最近无论是职员还是管理干部都很放松，害得我没办法处理其他工作呢。"

小李："（点头）果然是这样。刚好我里有一项研习活动，可以提高管理干部的干劲，您要不要听听看呢？"

董事长："是吗？这倒很有意思。"

接下来，不到三分钟的工夫，小李就成功地推销了这项课程。

可能你会想，万一小李没猜中呢？其实，没猜中的话，他也有一套自己的应对策略：

小李："董事长，您现在最发愁的是不是关于员工缺乏积极性的问题呢？"

董事长："我真是管不上他们的积极性问题了，现在主要是人都不够。"

小李："（点头）原来真的是这样啊，看来是我没将我的想法表达

清楚。贵公司的员工其实一直都是比较努力的，但如果人手不够，他们花在工作上的时间和精力太多，长此以往，大家也会泄气的。现在，我们公司正好有个人才招聘项目是针对这种情况的，让我简单地为您介绍一下吧？"

以上案例中，业务员小李使用的就是使用狡猾否定，命中对方的心思。使用这一技巧有个重点，那就是使用"否定疑问句"。使用这一技巧的好处在于无论对方说什么，你都可以抓住对方说话的契机，顺着他的意思往下说。就如上面案例中的小李一样，先发问，然后等客户回答，如果猜中了，对话就可以继续下去，即使没猜中，也可以立即转移话题，继续交谈。

其实，这一策略不仅可以应用于销售活动，还可以应用到与各类人交往的活动中，它的好处在于帮助我们操控他人的内心世界，进而进入他人的潜意识，最终实现我们的交往目的。

当然，要让这一策略百试百灵，我们必须掌握几点小技巧：

1. 事先了解，不打无准备之战

诚然，这一策略能帮助我们巧妙应付"没说中"的情况，但实际上，多数情况下，人们还是愿意被人"说中"，你一语中的，对方更愿意信任你。另外，事先多了解情况，也能帮助我们顺利做好接下来的沟通工作。拿销售工作来说，我们并不是让客户看了我们的方案就能将产品或者服务卖出去，我们还需要解决更多的问题，让客户从头到尾都满意，销售工作才能有效果。

2. 反应敏捷，以最快的速度回答对方

你回答的速度越快，越显示出你对其了解得深，越能迅速地把对方带到对方希望呈现的语言环境中。

3. 多备几套方案

以上面案例中的情况为例，如果我们没有猜中客户的苦恼，那么，你就要思虑好会出现另外一种什么情况，然后，针对这种情况，你需要提供新的方案，如果客户存在的问题你并不能解决，那么，你们的沟通就是无效的。这一点，还要回归到第一点，对客户乃至我们的交往对象

多作了解，才能解决好问题。

4. 从细小处预知自己是否猜中

很简单，你在提出某个问题后，可暗中观察对方的反应，如果他的面部出现欣喜、瞳孔放大等一些细小的变化，那么，就说明你说中了，而如果对方的眼神瞥向别处或者流露出一丝不屑，那么，就说明你说错了，接下来，你就应该考虑如何把控全局了。

总之，要运用好"狡猾否定"这一策略操控他人的内心世界并非易事，还需要我们考虑、观察各方面的因素，方能减少失误，达成目的。

巧用"双重束缚"，不会遭遇拒绝

单位来了一个新员工小帆，他学历、能力乃至长相都一般，但不知道为什么，单位的很多女孩子都喜欢围着他转，还隔三差五地和他一起出去喝咖啡、吃饭，这让其他同龄的男孩们羡慕不已，便来讨教一二。小帆故弄玄虚地说："因为我会魔法啊，我要约哪个女孩，哪个女孩都会答应我。"

"你就吹吧，你怎么不吹你能约到对面那家公司的尹经理啊？"这位尹经理，是这一领域内所有男士的"梦中情人"，至今一直单身，最重要的是，很多大公司一直想和这位尹经理合作，不仅因为她的美貌，更因为只要和她谈成一笔生意，就能带来巨大的利润。

"那还不简单？要是我能把她约出来，你们怎么样？"小帆和这些人较上真了。

"你要是能把她约出来，这个月多加你百分之五十的奖金，你要是能和她谈成生意，下月就升你为业务主管，怎么样？"原来是总经理在茶水间听见了大家的谈话，也来凑个热闹，他知道小帆是在开玩笑，也

第9章 心理把握策略：如何把握心理走势

就随口附和了一句。谁知道，小帆居然信誓旦旦地说：

"好，总经理，这是您说的啊，那下周此时，我给您答复吧。"

大家都认为小帆在吹牛，也逐渐将这个笑话忘了，谁知道，第二个星期，小帆居然将与尹经理签的合同摆在了总经理的办公桌上，让总经理惊诧不已。

"你是怎么做到的？"

"要跟她签合同，必须先要认识她，也就是先要约她出来。那天我打通了所有的关系，见到了尹经理，看见她在忙，就直接问：'您好，尹经理，我是一个再普通不过的你的仰慕者，看你这么辛苦，我们去喝杯东西吧？'她说：'可是我没时间啊。''那就喝咖啡吧。''嗯，喝咖啡倒是可以，我正好也累了。'就这样，我把她约出来了。"

"就这么简单？"总经理还是觉得不可思议。

"是啊，后来，她有些饿了，我又带她去吃了饭，一来二往，我们成了很好的朋友。"小帆得意地说。

"可是，她怎么会答应你的约会呢？"总经理还是不明就里。

可能我们也会感到惊讶，为什么尹经理会答应小帆的约会呢？其实，小帆使用了一个绝对不会被人拒绝的回话策略——"双重束缚"。我们不妨来分析一下：

当有人求助于你时，你的第一反应是什么？当然是答应还是不答应的问题，如果你想否定，那么，你就应该为自己找一个合适的理由。举个很简单的例子，你可能经常接到保险公司的电话，此时，你的第一反应就是：我才不管他推销什么险种呢，然后你会直接挂断电话。的确，当人们的脑中已经否定了一件事后，那么，再让他重新考虑是很难的。下面有两种完全不同的场景，我们来看看：

场景一：

"我想今天约你吃顿饭。"

"不好意思，今天我很忙。"

"那喝茶的时间总有吧？"

"我真的没空。"

"什么时候有空？"

"不知道。"

为什么场景一中没有邀约成功？很简单，因为对方在脑中已经拒绝他了，他再寻找什么理由，都会被对方拒绝。假设他能转换一种邀约方式，也许会有不同的结果。

我们再看看场景二：

"我们去吃饭还是去喝咖啡？"

"可是我没空。"

"那么就去喝咖啡吧？"

"嗯，喝咖啡倒还可以。"

这里，我们大致能看出产生两种不同邀约结果的原因了，对于第一种提问方式"可以约你吃顿饭吗？"对方的回答可以是"No"，但是对于"我们去吃饭还是去喝咖啡？"只能选择其中一个，无论选哪个，都是答应了对方的邀约。

可见，如何巧妙询问，需要我们掌握一定的技巧，掌握了这一技巧，对我们的工作和恋爱都能起到积极的作用，只要稍微意识到"双重束缚"技巧，你也可以顺利地进行沟通，至少你不会在沟通中被对方"牵着鼻子走"，而能冷静地作出判断和反应。

那么，使用"双重束缚"这一技巧时，我们应该掌握哪些重点呢？

简而言之，就是不能在询问的过程中有任何"恳求"对方的成分，一旦有恳求的成分，对方就可能立即意识到你的真正目的而最终拒绝你。当然，这也需要巧妙的技巧。

例如，你希望对方能答应为你做一件事，又避免被拒绝时：

一是直接在对方已经答应帮你忙的基础上说话；

二是为对方提供几条能帮助自己达成目标的建议。

故意出错，套得对方的真心

世界伟大的无产阶级革命家马克思和他的太太燕妮原本并不是情人的关系，而是很好的朋友，尽管他们都了解彼此的心思，但谁也没有捅破这层窗户纸。后来，马克思终于鼓足勇气，用一种别具一格的方式俘获了燕妮的心。

这天，马克思还是和以前一样，把燕妮约了出来。一路上，他都表现得闷闷不乐，这让燕妮觉得很奇怪。于是，燕妮就主动问他："你怎么了？有什么心事吗？我们是好朋友，能不能跟我说说。"

马克思说："说实话，我真的有心事。最近，我交了一个女朋友，我非常爱她，我希望我们能白头偕老，因此，我想向她求婚，但我怕被拒绝……"

"你有女朋友了？"马克思看到燕妮的脸上写满了惊讶。

"是的，认识很久了。"

"这是真的吗？"

"当然是真的。我这里还有一张照片呢，要不你给我把把关？"马克思说着，拿出一只精致的小木盒子。

燕妮点了点头，但她的心里却很痛苦，她慢慢地接过马克思递给她的小木盒，双手颤抖着打开了。

令燕妮奇怪的是，木盒里只有镜子，她一下子就愣住了。很快，她惊喜万分。

马克思卖了半天关子，原来是要跟自己求婚啊！她的整个身心都沉浸在幸福中，一下子扑到了马克思的怀里。

马克思与燕妮的爱情故事早已被人们传颂。这里，马克思是怎么探出燕妮的真实心意的？因为他故意制造出一个根本不存在的第三者，让燕妮意识到马克思心仪的对象就是自己，从而缔结了一段美好的姻缘。

这个技巧是在对话时故意搞错事实,让对方来修正,借此套出对方的信息或真正的心意。现实生活中,人们常常利用这一策略来探明他人的心意。例如,销售员经常来探寻客户的信息:

销售员:"说到这里,我想您应该比较喜欢粉色系的产品吧?"

对方:"不是,我还是比较喜欢暗一点的颜色,可能跟我的皮肤更搭配一些。"

透过这一反面提问,就无须再提问"你喜欢什么颜色"了,让对方基于想修正错误的心理,毫无戒心地主动透露出喜欢暗颜色这一真实信息。

再者,日常生活中,夫妻双方也常用这种方法来"严刑拷问"对方的行踪。

妻:"你昨晚又和老王一起下棋去了?"

夫:"是啊,老习惯了嘛。"

妻:"哎呀,我忘了,我昨晚就在老王家呢,那你怎么不在啊?"

这里,很明显,妻子故意编造了一句谎话,来"拷问"丈夫,这样,丈夫就不得不招认自己昨晚的去向了。

当然,在运用这一策略探知他人真心的时候,还需要注意以下几点:

1. 对对方的心意有大致了解,别歪"打"正着

这一策略的精髓在于,我们故意出错,让对方以纠正的口吻来回答问题,假若我们不清楚事情的原委,原本想试探,却直接道出了对方的真实想法,那么,对方必然会否认或使交谈双方都难堪。

2. 藏好自己,别让对方看出破绽

这是一种策略,最关键的就是要在不经意间让对方流露出自己的真实想法,假若让对方看出我们是故意犯错,只会惹恼他,那么,事情的难度自然会加大,一不小心还会弄僵人际关系,前功尽弃。因为没有人喜欢被人欺骗和戏耍,恋爱中,一些男孩或者女孩就是因为使用这些小伎俩,导致让对方离自己而去。

总之,我们发现,有时候,即使他人的内心是封闭的、真心是藏起

来的，我们依然可以探寻，但我们主动采取一些攻心技巧正面询问，对方可能会否认甚至排斥，那么，我们不妨从反面入手、从错误的层面入手，此时，对方内在的纠错意识必定会被激发出来，从而帮助我们给出正确的答案，此时，我们的目的也就达到了。

如何营造距离感

人与人在相处之初，总会小心翼翼，熟悉了便会大而化之，处久了难免出现磕磕碰碰。俗话说：因不了解而在一起，因了解而分手。这句话不无道理。这个世上，会有许多人和你投缘，你会发现某个人有一些观点和人生态度和你有相同之处，这个人就有可能成为你的朋友，你要主动和他接近，有机会多与他联系，多交流思想，把自己遇到的事情和他讲，一起分享高兴的事情，分担遇到的不快，这就是朋友了，而且很可能成为知心朋友。主动分担他的难处，也是你成为他的知心朋友的条件，但你一定要明白，即使关系再好，也要懂得营造适宜的距离感。事实上，人与人之间，不管是任何关系，距离都尤为重要，而很多时候，距离的体现不仅是在心理上，更是在空间上。

小徐是一名日用品公司的直销员，她性格开朗活泼，很会说话，照理说，她的业务不错，可是她发现，那些和自己一起进公司的同事们都能将商品成功地推销给客户，而她每次都以失败告终。比如，有一次，她和同事一起来到某小区，将产品摆成一排。她发现，她没向客户推销和介绍时，客户在那里自己选择。每次她向客户推销的时候，客户见着她就像见了"瘟神"一样迅速地离开了。而自己的同事，并没有说几句话，客户居然很爽快地就购买了。

看着同事们一次一次地将商品成功地推销给顾客，再看看自己，半个多月竟连一件商品也没推销出去。她顿时对自己的能力产生了怀疑。

事实上，她比任何一个同事都热情周到，却不明白为什么客户见了她就逃跑呢？

当她带着疑问去向销售主管诉苦的时候，主管说，以后一定要和客户保持一定的距离，不要一见到客户就贴上去。小徐按照主管的提示，把握好距离，耐心地向顾客介绍和推销，果然结果大不一样，小徐也成功地推销出了很多商品。

从这个案例中，我们可以了解到，客户是需要一定距离的。因为销售员对客户来说是陌生人。当陌生人之间超越了一定的距离，就会让对方感觉不安全。销售员在和客户沟通的时候，一定要保持一定的空间距离，给对方绝对的安全感。所以，销售员应该密切注意周围的环境，及时把握好和客户之间的距离，为自己的营销创造成功的条件。

的确，人与人之间的空间距离，同样会在心理上产生微妙的作用，进而影响我们的人际关系。所以，在与人沟通的时候，我们一定要占据有利的空间位置，从而完全掌握交流的主动权，以实现最终的销售。那么，我们应该怎样营造合适的空间距离呢？

1. 与对方保持两手宽的空间距离

这里的空间距离一般是指我们水平举起自己的双手，与对方保持两手宽的距离。这样的距离不但能够使彼此面对面地看到对方，而且还可以从头看到脚。这样一来，我们就可以清晰地观察到对方的性格、脾气以及说话办事的特点，从而正确地把握对方的心理。而且还能从对方的眼神和表情中洞察到对方对我们的印象好坏，这有助于我们准确地作出判断，并做好下一步和对方沟通交流的准备。

一般情况下，这样的距离适合初次见面的两个人，既能让对方看到我们的热情，又能给对方一个安全的空间距离。所以，初次见面时，我们一定要站在对方的理想空间距离上。

2. 不可过于热情

在经过一段时间的交流之后，我们同样应该给对方一个思考的空

间。比如，如果你是销售人员，在适度地介绍完产品之后，你可以说："好的，小姐，你肯定是行家，你慢慢看，多比较，如果有什么问题或需要请随时叫我，我很乐意为你服务！"

事实上，生活中，并不是所有的人都能感受到他人的这种需要。比如，有销售人员会这样说："好的，那您随便看看吧！"这样的回答语言消极，也让客户看不到销售员的热情。另外，有的销售员则会很没礼貌地抢白顾客："这是我的工作啊，你以为我想这样啊？"这种销售员很难成功，因为这种话会让顾客反感。

总之，无论是何种情况下的沟通，对他人过于热情这一态度不可取，但我们也不可对对方置之不理，为彼此营造出合理的空间距离最为合适。

如何对待固执的人

现实生活中，我们发现，有这样一类人，他们非常固执，每件事情他们都要说出个一二，根本不考虑别人的意见，很难跟人合作，人见人怕，别人都不愿意跟他们在一起工作。他们浑然不觉，别人则非常难受。

倘若我们与这样的人意见不合，那么，即使你与他争执，你也很难占上风，因为他根本不给你反驳的机会，但若你能抓住其心理特点，采取曲径通幽的方式，那么，就会容易很多。其实，他们之所以会固执，多半是和他们的成长环境有关。在他们与家人、爱人沟通的过程中，习惯了直来直去，这并没有什么坏处，只是比较难说服。在说服他们的过程中，你首先应该隐藏好自己，不要让他们看出你的企图，然后对其恭维一番，把他放到一个较高的位置上，这样，他们内心的阻抗就会小很多，其态度往往容易转变。

毕加索的妻子弗朗索瓦兹·吉洛特很喜欢绘画，而且在画画的时候不喜欢被别人打扰。一次，儿子小科劳德想让妈妈带他出去玩，可吉洛特已全身心投入到绘画上，听到敲门声和儿子的喊声，只是回应了一声"哎"，之后接着埋头作画。儿子没放弃，接着又说："妈妈，我爱你。"可得到的回应也只是："我也爱你呀，我的宝贝儿。"门却并没有打开。儿子又说："我喜欢你的画，妈妈。"吉洛特高兴极了，她答道："谢谢！我的心肝，你真是个小天使。"但是仍旧没有开门。儿子又说："妈妈，你画得太好看了。"这时吉洛特停下笔，仍然没有开门的意思。儿子继续说："妈妈，你画得比爸爸画得还好。"吉洛特知道，自己的画肯定不及丈夫画得好，但儿子的话却让她欣喜若狂，她也从儿子那夸张的评价中感受到了儿子的急切心情，终于把门打开了，并且答应陪儿子一块出去玩。

小科劳德是怎么说服专心作画的母亲开门的？正是软磨硬泡的办法敲开了专心作画的母亲的门。其实，现实生活中，对于那些固执的人，我们也可以运用这种方法敲开对方的心门。

生活中，这些固执的人，凡事一经决定，则不可更改。即使明知错了，也一错到底。有时还会出言不逊。以礼相待，往往也难以被接纳。

从心理学上讲，顽固之人的心底往往是脆弱和寂寞的，较一般人更渴望被理解和安慰。如果我们持之以恒，真诚相待，适时加以恭维，时间长了，或许能博得好感，转化其态度，甚至被认同而成为知音。

需要指出的是，渗透不是消极地耗费时间，也不是硬和人家要无赖，而是要善于采取积极的行动影响对方、感化对方，促进事态向好的方向转化。比如，求固执的人办事，有时候对方拖着不办，并不是不想办，而是有实际困难，或心有所疑。这时，你若仅仅靠行动去"渗透"很难奏效，甚至会让对方很烦，更不利于办事。这时嘴巴上的功夫就显得十分重要了。要善解人意，抓住问题的症结，巧用语言攻心。

表面上看这种方法很简单，但却不容易做好。要想用此方法达到求人的目的，需要把握好以下两个条件：

1. 必须控制好自己的情绪，要有打"持久战"的准备

在现实生活中，有些人是火暴脾气，一旦遇到一些烦心事就恼火甚至发怒，其实，这样并不能帮你解决问题。因此，你要告诉自己，凡事要冷静，不要冲动。并且，你要学会忍耐，多对他人表示理解。只要能做到这点，那么，你就能"反客为主"，控制整个交谈进程。

可能你会认为，渗透需要消耗大量的时间，但实际上，时间恰恰是我们打好这一战的有力武器，因为任何人都不想浪费时间，也耗不起时间。所以只要你能克制住自己，摆出一副打"持久战"的架势，便会使对方最后妥协。所以，你一定要沉住气，多花点时间，成功就会等着你！

2. 必须是"赞美""哀求""硬磨"三种方法一起用，缺少一种都难以达到你想要的目的

总之，渗透是一种打开固执人的心灵的成功诀窍，它考验的是你的耐力，只要你坚持，你就能获得积极的效果，你应该表达出自己不达目的誓不罢休的决心，让对方看到你的态度，就能影响对方对你的态度。

第10章 心理引导策略：把握沟通的主动权

活学活用心理策略

话不说满，让对方跟着你的脚步走

人际交往的核心部分，一是合作，二是沟通。而语言则是沟通的主要手段和方式。交际中，如果我们希望自己练就良好的沟通能力，就需要具有积极的心态。日常交往活动中，要主动与他人交往，不要消极回避，要敢于接触，并敢于表达自己。但这并不意味着表达越多，人际关系就越好。有时候，沉默是金、以静制动反而能使自己居于交际中的主动地位。话说三分，对方会在联想中追随你。

心理学上有个"空白效应"，它的含义是，吊吊对方的胃口、适当地留点悬念，会给对方留下更多的想象空间，对方想进一步了解你的愿望也会被调动起来。而假设你和盘托出、不留一点空白的话，那么，对方的大脑活性会被压制，这大概就是古人常说"此时无声胜有声"的原因。

生活中，我们与人交流的时候，不妨也利用"空白效应"，比如，上课为学生留点悬念，演讲前先卖个关子；给他人提意见时，说个引子就打住，让对方反应，可能印象更加深刻。

一次，有位老师朗读课文《孔乙己》，当他读完最后一句"——大约孔乙己的确死了"时，全班学生肃然，课堂顿时沉寂——他们沉浸在思考中。这是孔乙己的悲剧引起了他们的思考。这位教师维持着这种"课堂空白"，并不急于讲课，而是让学生自己去咀嚼、体味文章的内涵。两三分钟后，一个学生长叹了一声，课堂又活跃起来了。这位老师

马上抓住时机提问:"孔乙己这个人似乎很可笑,但你读完之后,笑得出来吗?有什么感想?"学生们异口同声地回答:"即使笑,也是沉闷压抑的""孔乙己既可怜又可气"……"好!"这位老师感到很满意,因为他并没有讲解,而学生却正确地理解了文章的内涵。

如果老师讲完课,适当地留一些空白,会取得良好的授课效果。生活中,与人交流,也可以借助此效应。

另外,有句老话叫"沉默是金"。人际交往中,知人知面不知心,过多地表露自己会置自己于危险境地,沉默静守才能使自己保持清醒。

曾经有这样一个寓言故事:

在英国伦敦的郊外,有只叫多利的小狗,它很聪明,不需要主人的照料,于是,主人就让它在郊外出入自由。

某天,多利出去玩忘记了时间,等天黑下来时,它才慌慌张张地往家里跑。可是由于月黑风高,它不幸迷失了方向,最后,不小心跑到了一群狼中间。

多利认识到自己已经处于危险的境地了,它很害怕,但很快,它冷静下来,要想使从狼群口中逃出去,就要隐藏好自己,所以它决定,不管遇到什么情况,都绝不开口透露自己的任何信息。

果然,在接下来的两三天里,多利一直保持沉默不语,显得非常深沉。终于有一天,一只高大的狼看到它与自己不太一样,便满脸疑惑地问它:"你是我们的同类吗?我怎么感觉你跟我们有点不一样呢?"

听到问话,多利紧紧地闭着嘴巴,故作深沉地点了点头,以免一开口就被对方听出自己声音的特别。然后,它又像一直以来那样,把若有所思的眼光投向远方。那只高大的狼见多利只点头不说话,心里更加疑惑了。晚上,它把自己的疑惑告诉了狼王。狼王因为在一次战斗里受过伤,视力不好,生怕别人嘲笑他,就说:"它不是狼是什么?"

高大的狼歪着脑袋瞅了多利半天,忽然指着它的尾巴对狼王说道:"你看,它的尾巴和我们的不一样呢!"

因为身体的缘故，狼王已经不如当年那样凶猛，它更害怕狼族有部下不听自己的话，所以平时总爱夸大自己的战功，以博得群狼的尊重。今天见这只高大的狼一直在给自己出难题，狼王灵机一动说道："这没什么，它的尾巴就是那次和我并肩作战时受的伤，因此你们应该多尊敬它才是。"

这下，高大的狼再也不敢说什么了，而迫于狼王的威望，其他的狼也都装出了对多利毕恭毕敬的样子。

又过了三天，多利终于找机会逃离了狼群，重新回到了主人的家。安全到家之后，多利感慨万千道："都说事实胜于雄辩，在我看来，沉默更胜于事实啊！"

的确，沉默是金，多利用适时沉默救了自己。同样，人类社会也是竞争激烈，甚至有性命攸关的时刻，恰当地保持沉默，守护住某方面的信息，是避免不必要风险的一种好办法。其实，在某些环境和时期内，语言都是苍白的。同时，为人处世中，沉默也能让你避免主观和武断，有些事，其实并不是以我们的主观意愿为转移的，影响事态发展有很多因素，此时，与其说错，还不如不说，这不仅是对自己的言论负责，更是对别人负责。

当然，并不是留下任何空白都能起到作用。也就是说，留"空白"是一门艺术，不是一件简单、随意的事。那么，我们应该怎么留空白、适时沉默呢？

1. 要掌握火候

也就是说，沉默要把握时机。比如，尽量在对方心存疑念、渴望得到答案时保持沉默，这样，才能很好地吊起对方的胃口。

2. 要精心设计

我们要学会找到"引"与"发"的必然联系，当问题产生后，可以对对方适当点拨，使对方有所联想。然后以"发问""激题"等方式激起对方的思维，让其获悉答案，以此填补思维空白，达到预期的效果。

学会"威胁"对方

现代社会，无论是职场工作、商业竞争，还是与人打交道，我们都存在对手。有时候，为了战胜彼此，双方都会使出浑身解数。但如果我们采取心理策略，使对方主动自乱阵脚，可能会节省很多精力。古人云："不战而屈人之兵。"这乃战争取胜的最高境界。其中，我们可以善意的、适当地"威胁"对方，让对手畏惧，等对方乱了方寸后，我们再采取进一步措施，便很容易达到说服的目的。

这种策略的原理是：用善意的威胁使对方产生恐惧感，从而达到说服目的。然而，归根结底，"威胁"只是一种手段，而不是最终目的。因此，我们切不可认为威胁对方就是恐吓、吓唬对方，这是一种善意的提醒：如果你这样做会怎样；如果你不这样做，会造成什么恶果。在说服的过程中，善意的"威胁"有助于成功。运用此种方法劝说别人，能使其看到事情的利害关系，因为害怕事情消极的一面出现，从而愿意接受你的建议。

历史上，很多人都知道用威胁的方法可以增强说服力，而且还不时地加以运用。我国历史上著名的"唐雎不辱使命""完璧归赵"等故事便是使用威胁来达到说服目的的。现实生活中，这一攻心术的运用也有很多。

在一次集体活动中，当大家风尘仆仆地赶到预订的旅馆时，却被告知当晚因旅馆工作失误，原来订好的套房（有单独浴室）中竟然没有热水。为了此事，领队约见了旅馆经理。

领队：真不好意思，这么晚还给您打电话，但我们走了这么远的路，出了一身汗，不洗澡怎么睡觉呢？请您谅解一下。

经理：这事我也没有办法。这么晚了，这些锅炉工也回家了。不过，附近倒是有个集体浴室，我觉得你们可以去那里洗。

领队：是的，我们可以自己掏钱去外面的集体浴室洗，但我必须声

明一点，因为我们住的是带单独卫生间的套房，这个标准是每人每晚50元，假若我们去集体卫浴的话，那么，我们只会按照通铺也就是每人15元付费了。

经理：那怎么能行？

领队：很简单，那只有供应套房浴室热水。

经理：我没有办法。

领队：您当然有办法！

经理：你说有什么办法？

领队：您有两个办法：第一是把锅炉工叫来给我们烧热水；第二，您亲自提着两桶热水来为我们服务。当然，我们一定会保持耐心，我也会劝大家等您来的。

当然，这位经理并不笨，他当然不会选择第二个方法，于是，40分钟后每间套房的浴室都有了热水。

这位领队也是运用了"威胁"这一说服技巧，但是我们发现，在整个说服过程中，他丝毫没有表现出任何恶意，这也是旅馆经理最后妥协的原因。如果领队对旅馆的服务大加指责或者言辞激烈威胁的话，恐怕就是另外一种结果了。因为没有人愿意被真正地威胁。攻心术里所谓的"威胁"策略与恶意的恐吓没有任何关系，而是对对方进行善意的提醒。

可见，"威胁"策略应该与正面说服方法相互结合，否则的话，就会引起对方的不安，从而造成沟通中出现不愉快的局面。因此，我们可以这样"威胁"对方：

1. 正面"提醒"

让对方接受我们的想法或者达到某种目的，并不一定要反复提醒他"如若不……会怎样"，你可以直接告诉他，"如果你怎样……你会有什么益处"。但前提是，你必须对对方有很深刻的了解，知其所好，这样，才能把"提醒"说到对方的心坎上，同时，要让对方理解我们的出发点是善意的，不然只会适得其反，引起对方的怀疑。

2. 反面"提醒"

这种提醒方式，一般是针对对手而言的。也就是说，如果我们希望不去做什么，我们可以利用与之对立的关系，尽量建议他去做。左右思量后，对方势必会中我们的"圈套"。

另外，我们具体运用"威胁"时要注意以下几点：

1. 态度要友善

没有人喜欢被真正威胁，因此，我们的出发点应该是善意的，态度也应该是友好的，应该本着为对方着想的原则去说服，才能真正起到说服作用。

2. 讲清后果，说明道理

只要你"威胁"的论据充足，让对方看到各种利害关系，那么，他就会心悦诚服。

3. 威胁程度不能过分，否则会弄巧成拙

总之，"威胁"的方法可以增强说服力。在说服的过程中，我们首先要摸清对方的底牌。一旦摸清了底牌，就掌握了谈判的主动权。在说服的过程中，当你有十分把握的时候，不妨"威胁"一下对方。

巧设陷阱，激起对方的欲望

生活中，我们都有过这样的体会：男女双方，在即将进入恋爱的阶段，聪明的女孩总会吊男孩的胃口，她们似乎总是站在男孩们看得到的地方，却又不让男孩靠近，而奇怪的是，男孩却穷追不舍。不仅恋爱中如此，聪明的谈判者在成交前，也会为对方展示令人垂涎的利益，但却给对方设置其他条件，只有当对方答应这些条件时，才会得到这些利益。其实，这就是一种"吊胃口"的策略。

我们先来看一个爱情故事：

活学活用心理策略
huoxue huoyong xinli celüe

张莹是个漂亮的女孩，追她的人自然不少。大学时期，她结交了一个男朋友，开始她对这个男生不以为然，认为自己各方面的条件都要比他好，男生有点配不上她。而这个男生当然对她非常满意，几乎寸步不离，百依百顺，生怕她甩了自己。但是男生越是这样，张莹对他越是反感，觉得这个男生没什么大出息。很快，张莹就和这个男生分手了，并且一点也不伤心。

大学毕业后，张莹参加工作，认识了一个男孩，很快，两人开始交往。事实上，这个男孩的外在条件同样不太好，甚至还不如张莹的前男友。但是这个男孩却把张莹迷得神魂颠倒。原因就是他不太在乎她，对她若即若离，而且他有自己的交际圈子，经常会走出她的视线。他说爱她，但是从来不干涉她的活动，不刻意掌握她的行踪。这个男生越表现出对张莹的不在乎，张莹越是对这个男生着迷。

可以说，张莹的第二个男友就是一个爱情高手，与第一个男生不同的是，他从未对张莹寸步不离，而是若即若离，表现出一副不在乎的样子。这样，他给张莹的心理暗示就是："我并不在意你。"而为了证明自己的魅力，张莹自然会更加在意这个男孩，对这个男孩着迷。了解这一攻心术后，很多年轻的男孩大概也知道自己追求女孩不成功的原因了。

其实，生活中，这种情况很多，当你以正面的、积极的方式去劝服一个人接受一件事时，你越劝服，恐怕越会招致其反感；如果我们"故弄玄虚"，让其看到得不到，那么，他渴望得到的欲望就会愈发强烈。我们再来看看下面这个谈判案例：

客户："M公司的设备比较符合我们的要求，而且他们的价格比你们的要低得多……"

销售方领导："的确，他们的价格比我们的要低，而且他们的设备也不错。但是我们的产品更适合你们。首先每年贵公司的维修费都是一笔巨大的开支，产品的使用寿命是贵公司需要考虑的关键问题，又加上贵公司的生产方式需要一种高性能、高效率的设备，而且需要考虑设备长久的资源利用率，我们公司的产品刚好可以与贵公司的旧设备共同作

业。您觉得呢？"

客户："可是，你们公司设备的价格与他们设备的价格相差甚远，而他们公司的设备质量也不错。"

销售方领导："他们的质量确实不错，这是一份产品的故障调查报告，我们的设备故障率只有1.2%，不知道对方有没有这样一份故障调查报告。据我所知，他们的故障率一直都是在5%左右。这样算下来，贵公司将会为此多付出几万元。"

在这段谈话中，作为销售方领导，在与客户进行谈判的过程中，就是从客户最关心的利益出发，让客户明白：如果购买了M公司的产品，会带来利益上的多大损失；然后说出自己产品的优势，这样，经过对比，客户必然会作出正确的选择。

我们不难发现，其实，那些真正会操控人心的人都是精明的谈判高手，他们知道对方需要的是什么，于是，他们就从这一点出发，并把利益放在对方看得到却得不到的地方，那么，对方就会一直被"牵着鼻子"走。

总之，只要我们善于把握这种心理策略，进行合理而巧妙的暗示，就可以声东击西、混淆对方的视听，从而顺利达到自己的目的！

抓住对方贪图便宜的心理

我们都知道，人们购买产品，在产品价值不变的情况下，都希望价格越低廉越好，或者得到的额外利益越多越好，这就是贪图便宜的心理。因此，人际交往中，如果我们能抓住人们的这一心理，多制造一些诱惑条件，那么，就能成功地掌控他人，达到我们的交际目的。

生活中，人们利用这一心理的现象随处可见，比如，我们经常看到商场和超市在货物滞销的时候，采取降价、打折等促销活动，也是利用

了人们贪图便宜的心理。这些促销活动对于顾客的影响一般是，平时舍不得买的、嫌贵的、家里不需要的，甚至是质量有些小问题的，都被他们买回去了。商家虽然表面上看吃了亏，但实际上则赚了大钱。另外，我们求人办事的时候，都不会空手登门，因为当我们"两袖清风"地拜访时，对方虽然不直接逐客，但明显会心有不悦，甚至会找各种理由谢绝；假如我们略带薄礼的话，"吃人嘴软，拿人手短"，所求之事也就水到渠成了。

当然，这种让人占便宜的方式是给别人物质上的好处，但现代社会，随着人们物质文化水平的提高，人们在自身需求上有了提高，也就产生了另外一种情况，就是满足别人的心理需求，有时候比"物质便宜"来得更奏效。

民国时期的袁世凯，一直都梦想着当皇帝，在成为中华民国临时大总统后，他的这种想法更是与日俱增。

一天，袁世凯正在午睡。这时候，一个婢女端进来一碗参汤，准备等大总统睡醒之后让他进补，但谁知道，婢女不小心被门槛绊了一下，不但参汤泼了，就连袁世凯最心爱的羊脂玉碗也打碎了。午睡的袁世凯听到声音赶紧起来，看到跪在地上的婢女，顿时大怒："今天俺非要你的贱命不可！"

此时，婢女灵机一动，连忙哭诉："这不是小人之过，婢女有下情不敢上达。"

袁世凯大骂道："有话快说，我看你能编排出什么鬼话。"

"小人端参汤进来，看见床上躺的不是大总统，这才惊了。"婢女哭着回答。

"你放什么屁，床上不是总统我，能是谁？"袁世凯一听，更觉得婢女在胡编乱造，于是更生气了。

"小人实在不敢说！"婢女的哭声更大了。

此时的袁世凯已经怒不可遏了，他指着婢女说："你再不说，瞧俺不杀了你！"

"我说，我说。床上，床上……床上躺着一条五爪大金龙！小人一

见，吓得跌倒在地……"

　　袁世凯一听，怒气一下子烟消云散了，心中一阵狂喜，他更加坚信自己有当皇帝的命。于是，他一高兴，居然赏了婢女一沓钞票。

　　这里，我们发现，这是一个聪明的婢女，在生命垂危之际，她居然还能为自己想出一条逃脱的妙招，并且还得了一笔赏钱。那么，她这一番话为什么能打动袁世凯呢？其实很简单，就是因为她抓住了袁世凯想当皇帝的心理，她编出的这个谎正是迎合了袁世凯自认为是真命天子的美梦，给了他心理好处，才使袁世凯化盛怒为狂喜。

　　让他人"占便宜"，并不是"无章可循"，主要还得迎合他人的需求，否则，我们就做了无用功。袁世凯的婢女就是因为善于观察，深知袁世凯的心理，才能满足袁世凯的"皇帝梦"。每个人都有不同的需求，而当我们适时地满足他的一点需求时，就能赢得他的好感，但同时，我们还要注意一些技巧。

　　有一位员工在单位是个老好人，处处让着别人，即使别人欺负了他，他也从来不抱怨别人；相反，他总是提及别人的好处。刘经理一直看不惯他，但一次因为无心的几句话，彻底改变了对他的看法。

　　有一次，他在与同事们闲谈时，随口说了上司几句好话："刘经理这人真不错，处事比较公正，对我的帮助很大，能够为这样的人做事，真是一种幸运。"这几句话很快就传到了刘经理的耳朵里。刘经理不由得有些欣慰和感激，而那位员工的形象，也在刘经理的心里上升了。就连那些"传播者"在传达时，也忍不住对那位员工夸赞一番：这个人心胸开阔，人格高尚，难得。

　　这位员工之所以得到了周围人的赞赏，就是因为他能让别人"占便宜"，不计较，同时，他还懂得在背后赞扬别人。喜欢听好话似乎是人的一种天性，也是人的一种精神需求。而背后说别人的好话，远比当面恭维别人的效果好。我们在背后说他人的好话，是很容易传到对方耳朵里去的。我们可以在对方不在场时，大力地"吹捧一番"。而这些好话，总有一天会传到他的耳中。

　　总之，我们在与人交往的时候，一定要给对方一种在心理上"占便

宜"的感觉，无论是从物质上还是精神上。西方哲学家马斯洛曾指出，人都是有需求的，并且人的需求还可以划分为五个层次，依次排列为：生理的需要、安全的需要、从属和爱的需要、尊重的需要、自我实现的需要。根据马斯洛的理论，我们得出，人际交往中，我们要学会体察人心，看出对方的真正需求是什么，然后采取适当的方式满足对方的这一需求。先给对方便宜，你才能占到大便宜。

如何让对方不知不觉同意你的观点

　　生活中，人们都有这样的心理，对于那些关系一般或者不熟识的人都是心怀戒备的，并且也觉得没有必要答应对方的请求。而一旦对对方产生好感，并愿意与之结交，对于对方提出的请求也就欣然答应了。其实不只是求人办事，很多时候，对于关系一般的人，我们若想成功地说服他，都需要一个"导入"的过程，都需要我们将运筹帷幄与循序渐进相结合。

　　最近刘先生公司的资金状况出了点问题，他原本想向银行贷款解决这一问题，但无奈被银行拒绝了。随后，他想到了某大老板张先生。但问题又出现了，据说，张先生是个出了名的"铁公鸡"，从不愿意借钱给别人，怎么办呢？

　　刘先生深知用一般的方法向他借钱绝无成功的可能。他经过仔细思考后，就下定了决心，打电话给张先生，约好见面的时间和地点。这天，刘先生并没有开车，而是搭乘公共汽车前往，然而在离张先生家还有150米时，他下车开始全速跑向张先生家。

　　那时虽是春天，但天气已经变得热起来，刘先生跑到的时候，已经大汗淋漓，张先生见了他非常诧异地问："你怎么回事？一身汗！"

　　"我怕赶不上时间嘛，只好跑着来！"

"你怎么不打车呢？"

"其实，我很早就出发了，坐上公共汽车又遇到堵车，没办法，我看时间不够了，就只好下车跑过来了！"

"像你这种人也会坐公共汽车？"

"怎么？您不知道我这个人很注重节约的，不过别人都说我吝啬。我怎么会坐计程车呢？坐公共汽车既便宜又方便，而且也省了请司机的开销。其实，还是用双脚最好，碰到赶时间的情况，还能跑着过来，既不花钱，又可以强身，多好啊！我这种吝啬的人哪会像你们大老板一样有自己的私车呢？"

"我也很小气啊！所以，我也没有自家的车子。"张先生谦逊地说。

"您那叫节俭，我这叫小气，所以才有'小气鬼'的绰号。"

"但是我从来没听说过你是这种人。其实，我才真的被人认为是'吝啬鬼'。"

"张先生，人不吝啬的话，是无法创业的，所以，人不能太慷慨。我们做事业的人都是向银行或他人贷款来创业的，当然应该节俭，千万不能随便地浪费钱啊！我们要尽量地赚钱，好报答投资的人。钱财只会聚集在喜欢它、节俭它的人身上……我经常对下属这么说。"

刘先生的这些话使张先生产生了共鸣，于是很反常地借钱给这个相见恨晚的刘先生。

刘先生在求人办事时的这一套手法着实耐人寻味。面对一个吝啬的人，他一反常人的做法，说明吝啬的好处，引起了对方的认同感，继而成功地借到对方的钱，挽救了他的事业。

的确，人们对于自己不熟悉的人或事，往往都持有一种排斥的心理。因此，无论是求人办事还是说服他人，如果直截了当，会显得突兀，让对方难以接受，而如果我们巧妙铺垫，慢慢地给对方"洗脑"，然后再导入主题，对方会更容易接受。

另外，要想真正操控他人的心理，除了要和对方拉近关系外，我们还要掌握一些让对方快乐倍增的方法，当你给他的快乐达到一定程度

时，你们之间的关系也就稳固了。

王小姐是一家大型企业的总裁秘书，总裁的一切行程都由她安排，所以，谁要想见总裁，必须先过她那关。在工作的几年中，她受到很多保险、地产业务员的骚扰，这不，又有三个业务员来了。

第一个业务员对王小姐说："王小姐，你的衣服挺好看的。"此时，王小姐特想听听她的衣服好看在哪儿，结果，那位业务员不再说了，王小姐心想，巴结我也不真诚，令人失望。

第二个业务员说："王小姐，你的衣服挺漂亮的。主要是搭配得好。"王小姐想听听自己的衣服哪里搭配得好，结果也没有了下文，话还是没有说到位。

第三个业务员说："王小姐，你的衣服挺漂亮的，看起来真的很有个性。"事实上，王小姐已经没有耐性了，但还是想听听自己如何的有个性。他接着说："你看，一般白领穿衣服都很讲究衣服的职业性，但你不一样，你的衣服是定制的吧，在追求个性的同时又不失职业性。一般人手表戴在左手腕，而你的却戴在右手腕上……"王小姐一听，还真觉得自己有点与众不同，挺高兴的，就让他见了老总，结果第三个业务员签了一个10万元的单子。

第三个业务员之所以能打动王小姐，见到总裁，是因为"他踩在了前面两个人的肩膀上"，前面两个人已经对王小姐的服饰夸赞了一番，但没有让王小姐满足，而他在前两个业务员的基础上，说出了独到的见解，自然会取得与众不同的效果。

那么，具体说来，我们应该如何慢慢地给对方"洗脑"呢？

1. 先找到共同的话题

面对不熟悉的人，一开始最好不要太过直白地表明自己的目的，而应该先谈谈其他方面，诸如新闻、体育、生活娱乐等，从中尝试着找到与对方共同点，当其对你产生好感后再巧妙地过渡到正题上，这样往往会取得更好的效果。

2. 秉持"说三分，听七分"的原则

任何一个懂得沟通的人都知道倾听在沟通中的重要性，只有善于倾

听，才能把握对方言语间的真实意图，才能采取进一步的交际策略。同时，你应该明白的是，把商谈的主要地位让给对方，也是一种尊重和理解他人的表现，这样做能换来对方的好感。

3. 注意运用容易为对方所接受的说法

有时候，我们发现，即使意思相同的两句话，但表达方式不同，听者的感受也是不同的。因此，在表达前，我们最好作一番推敲，让我们所说的话尽量让对方感到亲切、自然，而不是生硬。

另外，还要尽量防止自己的话无意间冒犯对方。所以，在说话前应先对对方有所了解，若无意中冲撞了对方，岂非前功尽弃？

巧妙赞美对方，提升好感度

我们都知道，语言是人际交往的基本工具。那人们都爱听什么话呢？很简单，人性的弱点告诉我们：人们都爱听恭维的话，人都是禁不住恭维的。在这个社会上，会说恭维话的人，肯定比较吃香，办事儿自然也就顺利。当一个人听到别人的恭维时，心中总是非常高兴，脸上堆满笑容，口里连说："哪里，我没那么好""你真的很会讲话！"听完你的赞美，对你的请求，他必当难以拒绝。

陈勇在一家珠宝公司的宣传部上班，他做事认真，但为人也很耿直，为此，也得罪了不少领导。和他同时进公司的刘鹏进了公司的销售部，但因为一件事，刘鹏却进了公司总部，成了陈勇的上司。

在每月的例会上，宣传部部长决定："为了促进公司新款珠宝的发售，我决定加大宣传力度，这月月末就在本市的水上乐园举行一次大型展览，希望大家努力办好这次展览。"陈勇一听，觉得荒谬至极，他本来就觉得这个宣传部部长太专制，什么事都喜欢自作主张，也不和其他人商议。这一点，他已经看不惯很久了。因为他性格太直，当着众人的

面，就回了部长一句："你这太草率了吧，都不做市场调查吗？这可关系着我们公司下半年的销售额和资金的运转！"陈勇的话脱口而出。刹时，会场上的很多人都屏住了呼吸。

"你知道什么，等你坐到部长的位子再说！"说完，宣传部部长气急败坏地离开了会议室。

但令陈勇感到奇怪的是，那月的水上公园展览居然没有办，而自己的好朋友刘鹏却也爬到了宣传部副部长的位子。原来，当天在会上，刘鹏也不同意部长的做法，但是他并没有在会上指出来，而是等开完了会，对部长道出了事情的利害："我一直都很佩服您，您做事一向都很有魄力，但这次我们推出的是我们公司今年的主打产品，去水上乐园的都是一些孩子，这么昂贵的奢侈品并不适合在那里展出，到时候做了无用功就得不偿失了。"部长一听，觉得刘鹏说得没错，并向总部推荐刘鹏担任自己的左右手。

针对同一件事，两种不同的说话方式，导致了不同的结果和职业命运。有时候，说话不能太耿直就是这个道理。面对领导的错误决定，陈勇开门见山地提出了反对意见，令领导在众人面前下不来台。一个领导的尊严受到了损害，自然很生气。相反，刘鹏的做法明显好得多，先赞美领导，肯定了领导果断的行事作风，这至少让领导觉得自己的能力是被肯定的，这样，在听取意见的时候，自然容易接受了。

可见，赞美不仅能用于求人办事，还能让他人接受我们的批评与指正，尤其当我们批评的对象是比我们的职位更高的上司时。要明白，领导并不是完人，也会犯这样或那样的过错，行为上也会有些失误与不足，我们在指出领导不足的时候，一定要注意方法，硬碰硬、针锋相对只会侵犯领导的权威，这种情况下，别指望领导会向你屈服。相反，假如你先对领导赞美一番，就顺从了对方的心理，接下来的劝说也少了很多阻力。

当然，运用赞美的语言来达到我们的目的，还必须要注意一些问题，凭空的、空泛的赞美谁都会，仅仅是几句好话而已，但这起不到赞美的作用。赞美别人，必须确认你所赞美的人"确有其事"，并且要有充分的理由去赞美他。倘若只是为了赞美而赞美，那么，对方就会觉得你的赞美空洞、虚假，进而认为你是个虚伪、油嘴滑舌的人。比如，你若夸奖一个十分肥胖的女人："你的身材真好。"那么，对方肯定会觉得你虚情假意，但如果你能把赞美的点放在她的发型、服饰等方面，那么，她一定会高兴地接受。

总之，成功地操控他人的内心，就得把握好对方的脾气、爱好和欲望所需，揣其所思，投其所好，让对方感到自然愉悦，对方才会接受你的观点、想法，为你提供帮助。这时，你就达到目的了。

第11章 心理博弈策略：掌控心理博弈战

活学活用心理策略
huoxue huoyong xinli celüe

一眼发现对方的弱点

中国人常说:"避实击虚。"的确,要打败对手,就要找到其软肋,从其最脆弱的地方出手,给对手一个出其不意,对手必定毫无招架之力。

"二战"结束前夕,美军和日本的两支军队在太平洋的一个小岛上发生了一次争夺战。

日方的军队很精明,他们先在这座小岛上修建了很多地堡,而这些地堡大多建筑在熔岩之下,因此坚固无比,美军根本无法攻进去,这让美军感到很无奈。

这时,一个工程技术员献计说:"我相信,再坚固的地堡都是有弱点的,只要我们找到它们的弱点,就能想办法攻进去,那样,我们就成功了。"

第二天,美军一改以往的作战方法——他们不再实行炮击,而是把这些火力器械改为推土机。当这些推土机出现在地堡前的时候,日方军队都愣住了,他们以为美军研发出来了一种新型武器,而当他们回过神来的时候,美军的推土机已经将所有的地堡通道口堵死了。

原来,这位工程技术人员只是转换了一种思维方法,既然无法攻进去,那么,就让这些日本人出不来,于是,美军采纳了他的建议,用坦克把事先搅拌好的快速凝结的水泥推向地堡的通道。这些水泥在被倒入通道口之后就迅速凝结了。日军很快就失去了抵抗之力,美军终于夺得了该岛。

这里，我们不得不佩服这位工程技术人员的智慧，他就是从反面考虑，找到了日军地堡的弱点，然后乘其不备攻破对手。因为对手的弱点就是取得胜利的突破口。其实，现实生活中，我们在与对手较量的过程中，也可以采用这一方法，因为，即使再强大的人，也有其弱点。

阿喀琉斯是凡人珀琉斯和美貌仙女忒提斯的宝贝儿子。忒提斯为了让儿子炼成"金钟罩"，在他刚出生时就将其倒提着浸进冥河，遗憾的是，乖儿子被母亲捏住的脚后跟却不慎露在水外，全身留下了唯一的"死穴"。后来，阿喀琉斯被赫克托尔的弟弟帕里斯一箭射中了脚后跟而死去。

后人常以"阿喀琉斯之踵"譬喻这样一个道理：即使再强大的英雄，也有致命的死穴或软肋。

在生活中，我们要想战胜对手，就要先做好准备工作，只有找到对方的软肋，然后挖掘自己的强项，才能以强制弱，这样，胜利的概率才会大。那么，我们应该如何找到对手的弱点呢？

（1）收集资料，收集得越详细越好。

（2）仔细研究资料，找到对方的弱点和长处。

（3）掌握好时间，尽量在对手毫无察觉的情况下迅速出手，给对方一个措手不及。

当今社会，竞争之激烈早已毋庸置疑，我们若想打败我们的竞争对手，也要掌握一些技巧，找到对方的要害，突然出击，就能立于不败之地。

从下面印度画商与美国画商的较量中，可以得到很好的启示：

这天，在一间比利时的画廊里，发生了一件事，引来很多人观看：

买卖双方分别来自美国和印度。这位印度商人对于自己的其他画都开价在10美元左右，唯独对这个美国人看上的几幅画要价为250美元，这让美国人感到很苦恼。于是，他决定还价看看。

谁知道，就在美国人提到画太贵了时，印度商人突然来了气，将自

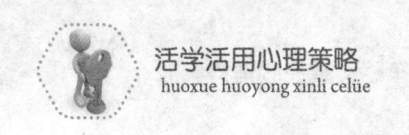

己的一幅画当场烧掉了。这让美国人很心疼，于是，他好言相劝，希望接下来的几幅画能便宜些，但他哪里料到，印度人居然又烧掉了一幅。

最终，这个爱画如命的美国人再也沉不住气了，只好乞求画商不要烧掉这最后的一幅画，愿意将它买下来。

印度商人为什么会烧掉自己的画？难道他不觉得可惜吗？其实他所做的这些，都是有备而来的，他早已看出了这个美国人爱画如命的心理弱点，果然，最终这个美国人还是乖乖地付了原来的价钱买下了画。

总之，我们需要记住：我们生活的任何一个环境中，都是存在竞争的，要想打败别人，必须多动脑筋，善于抓住他人的软肋，这才是制胜的王道。

温柔必杀技

生活中，我们发现，有这样一类人，他们看上去比较"强"，但很多时候是因为过度自卑，与这种人交往，你若"以硬对硬"，对方往往会觉得自己没面子。其实，在这种人面前，不如"示弱"，反而能一举拿下。

亨利·福特是汽车界的巨头，他经营着一家贸易公司。这家公司的业务太忙了，以至于亨利·福特的办公桌上每天都堆满了各种催款账单，通常，亨利·福特看见这些账单，一般都会丢给经理，让经理看着办，但有一天，亨利·福特却一改这样的工作习惯。

这天，亨利·福特看到一张催款账单，他二话没说，就对经理说："马上付给他。"

经理觉得很奇怪，就看了下这张账单，乍一看，这张账单和其他的并没有多大区别，都有标价、金额、货物明细等，但仔细看却发现还画

第11章 心理博弈策略：掌控心理博弈战

着一张头像，头像正在流眼泪。

其实，谁都知道，这个催款人并非到了因为急需用钱而流泪的地步，这只不过是他的小计谋而已，为的是引起对方的重视，或者博得对方的同情。事实证明，他的方法奏效了。

同情弱者是人的天性，再铁石心肠的人，内心也有颗同情的种子，而对于那些"吃软"的人，这招更是有效。在与他们交往时，我们不妨抓住他们的这一心理，在言语上适当示弱，在对方放松警惕心理时，再提出我们的要求，达成我们的目的也就容易得多了。

生活中，我们常常听到老人们这样说："软刀子更扎人！"其实，这就是说软话的好处，当然，这并不是要我们装可怜，而是一种说话的技巧。我们在谈话过程中，要硬话软说，同时，我们的态度要不卑不亢。

那么，具体来说，我们应该怎样向这类人服软呢？

1. 扬人之长，揭己之短

使用这一策略的重心在于不露痕迹地、不卑不亢地把心理优势让给对方，从而潜移默化地达到我们的目的。

从前，有个做皮革生意的精明商人，他尤其擅长卖皮鞋，同一时间内，若别人卖一双，那他一定能卖好几双，同行的人都感到很诧异，想跟他学点经验，没想到他只说了五个字："要善于示弱。"

这五个字让大家丈二和尚摸不着头脑，于是，他解释说："你们发现没，有时候一些顾客来店里买鞋子，他们刚开始并不会找合适的鞋子上脚试，而是东挑西拣，先对我们的鞋子评价一番，而这些评价多半是不好的，好像他们才是设计师、专家，其实我们自己也清楚，他们只不过希望在看到合适的鞋子时有利于与卖主讨价还价，最终以便宜的价格买到产品，那么，我们就不能扫顾客的兴，而应该学会顺应他们的思路，多恭维他们，说他们很会选鞋挑鞋，自己的皮鞋确实有不足之处等，比如，款式不够新颖，但绝对是经典款，鞋底不能踩出响声，但却很软和、很舒服等。也就是说，不能将自己的产品说得一无是处。找几点你认为这双鞋子所具备的优点，也许这正是他们相中的地方，可以

使他们动心。他们花这么多心思、费这么多唇舌不就是证明他们很喜欢这双鞋吗？善于示弱，满足了对方的挑剔心理，一笔生意很快就能成功。"这就是他卖鞋的妙招。

这里，这位商人之所以生意兴隆，主要就是抓住了客户爱挑剔的心理，懂得示弱。客户挑剔鞋子，实际上是满意鞋子存在的某些优点，如果我们面对客户的挑剔时采取反驳的态度以证明鞋子的可靠，那么，可能我们保住了鞋子的名誉，但却失去了一个客户。

同样，在谈判中，如果我们死守自己的立场，不肯示弱的话，估计面对的不是谈判的僵局，就是失败的结果。

2. 硬话软说，不卑不亢

其实，在这里，我们所说的示弱并不是真的在示弱，也并非眼泪才能博得对方的同情，示弱只不过是一种说话的技巧，以达到你的谈判目的。

有位教师，工作一直很努力，自身素质也很高，各项指标都很突出，他原以为完全能评上职称，但不知道为什么，他却总是评不上，最终，他想，可能是因为与校领导的关系处得不好。于是，他准备去上级领导那儿求求情。

但令他意外的是，这位领导表现得很冷漠，他是这样回答这位教师的："评职称是你们学校的事情，这个我可帮不上忙。"其实，这位教师早已想到了这一点，于是，他立即说："我之所以来麻烦您，就是因为学校解决不了。对于这个问题，我是逐级反映的，您是这方面的领导，我相信，学校领导还是会听您的建议的。另外，如果下面真的在这方面有问题，您肯定要过问，不然等问题变得严重了，就更不好解决了，您说是吗？"这番话很奏效，这位领导很快改变了态度，事情最终得以解决。

这里，与其说这位教师是在向上级领导求情，不如说是在谈判。很明显，他的话里还有另外一层含义："您是负责这方面工作的，下面出现问题，您有责任处理，不过问就是失职，您要是不处理好，我还会向上级反映。"虽然是示弱，但却显得不卑不亢，让对方不得不处理此事。

总之，与"吃软"的人交往，我们说话不可太强硬，要想使交谈结果朝着我们希望的方向发展，就需要学会适当示弱，激起对方的同情心，令其放松警惕。此时，我们就掌握了交谈的主动权，从而令交谈水到渠成！

威胁恐吓计

我们生活的周围，有这样一些人，他们看上去比较"弱"，似乎什么时候都需要他人的帮助，但你千万不要被他们的表象迷惑了，请注意他们典型的"扮猪吃老虎"，你若因此心慈口软，回头，被拿下的一定是你自己。因此，对于这类"吃硬"的人，千万不要对他们客气。

李林在某市担任某种独特的原料销售员。他的货很畅销，因为在该市乃至该省，他们是这种原料唯一的供应商，如果客户选择其他公司的产品，就要花费很大的人力、物力去相隔甚远的邻省购买。尽管李林所在的公司拥有这种优势，但李林还是以良好的态度进行这种原料的销售。因此，长时间以来，他和他的那些客户关系甚好。但有一次，李林却在催款问题上遇到了一些障碍。

客户是该市的一个有影响力的公司，双方已经签约很长时间了，客户的最后一笔货款始终不到账。为此，公司派李林前去催款。

见到对方公司的经理后，见对方丝毫没有还款的意向，李林说了这么一段话："王总，您看，我们合作已经有四五年了，一直很愉快。我们公司是贵公司唯一的原料供应商，贵公司的产品之所以能得到市场的认可，也和我们公司的信誉有很大的关系，因为我们的原料一直得到了业界的认可。但如果您长期拖欠尾款、不按合同办事，这话一旦传到消费者的耳朵里，恐怕不好听。另外，如果您拒绝和我们合作，那么，如何购进价格最合理、质量又有保障的原料，恐怕是贵

/175

公司最大的问题,到邻省去购买,光运费可能就比现在的这笔尾款要多得多吧?"

这一番话,令客户经理很诧异,但句句在理,他只好点头答应,将剩下的一笔尾款准时还上。

从上面案例中,可以看出,这位拖欠货款的客户就是块"难啃的骨头",但聪明的销售员李林知道对方是个"吃硬"的人。于是,他这一番话可以说正中客户的要害,因为和尾款相比,客户更关心自己的信誉,关心自己在消费者心目中的形象与口碑,关心自己原料供应的成本等,权衡之下,客户自然会作出明智的决定。

与"吃硬"的人交往,我们要表现得强势点,这就要求我们说话言之有物、言之成理,能充分地表情达意。当然,如何用自己的语言来赢得足够的威信也是一门语言艺术,这里,你需要做到:

1. 语言干脆,当机立断

你在和对方说话的时候,应该树立自己的威信,对于自己权限范围内可以决定的事,要当机立断,明确"拍板"。比如,如果你的下属"吃硬不吃软",他向你请示某动员会议的布置及议程,你认为没有问题,就可以用鼓励的语调表达:"知道了,你看着办就行了。"这种表述不仅给了他执行的权力,更是一种鼓励。

2. 注意表达

你若想为自己树立威信,除了要注意自己的态度和说话的方式外,还需要注意表达方法。

(1)我们说话要言简意赅、长话短说。句子说得短一些,不仅说起来轻松,听起来省力,吸引力也强。

(2)说话时一定要注意自己的语速和节奏性,要吐字清晰,尽量看着对方的眼睛说话。这样,才能说明你是真诚的、自信的、有能力的。如果说话时眼神游离不定或者不敢正视他人,那么,就说明你是自卑的、意志薄弱的。

3. 尽量等到对方表达完之后表态

中国人是最具有"重点置之于后"的心理因素的,所以,你不能抢着说话，越是最后说话越有权威。

比如，在与对方谈话时，应该让对方充分地表明意见、态度，之后自己再说话。让对方先谈，这时主动权在你手上，你可以从对方的说话中选择弱点追问下去，以帮助对方认识问题，再谈自己的看法，这样易于让对方接受。在对方讲话时自己思考问题，最后作出决断，后发制人，更能让对方认可你的说话能力，从而信任你。

4. 注意态度，不可目中无人

即使与这些"吃硬"的人交谈，我们也要在讲话中时刻注意其他人尚未发现的问题。言谈举止中要有个人魅力，而且还要注意自己的讲话技巧，切忌态度高傲，目中无人。

找到对方的"命门"

姜先生完全有能力购买家庭保险，而且他也很关心自己的家人。可是当销售员小李劝他投保时，他总是提出异议，并且进行一些琐碎且毫无意义的反驳。小李意识到，如果不用点好对策，这次谈判就没戏了。

小李凝视着姜先生说："姜先生，实际上您对自己购买家庭保险的要求已经十分明确了，而且您也有足够的能力支付相关的保险费用，更重要的是，您比任何人都关爱家人的安全和健康。不过，您仍然不能下定决心购买保险。"稍微停顿一下之后，小李转开话题继续说道："对了，您平时是如何支配您的休息时间的？为了更有保障，您可能会选择待在家里。其实据有关统计数据表明，家庭是最容易发生危险的地方。"说着，小李将一些统计资料交到姜先生的手中。

刚才还面带微笑的姜先生此时变得严肃起来。小李此时将声调提高了，他说："姜先生，如果您现在让我从您家马上出去的话，我会认为

那是情理之中的事情。但我担心您会想：'如果我正是在这个时间里发生意外伤害怎么办？'"

姜先生很诚恳地点了点头，表示认同小李的说法。

小李直视着姜先生说："而有了这种保险，您一周7天之内的任何一天都有足够的安全保障，在一天24小时里的每一小时都不会被忽略。不管在什么地方，不管您是在工作、出差，还是休闲，您都会享受到安全的保障，您的家人也会得到这样的保障，这不正是您所希望的吗？"

此时姜先生还有什么可说的呢？他高高兴兴地购买了费用最高的那个险种，因为他要保证自己和家人时刻都处于一种足够安全的保险体系当中。

上面案例中的小李在劝服不成后及时转变说话方式，直击客户最害怕的问题——安全问题，让原本犹豫不决、总是提出异议的客户迅速作出了购买决定。可见，劝服客户购买，要懂得一定的策略。聪明的销售员通常能在三言两语间抓住客户的心理，从而完成推销任务，其中一条重要的策略就是出其不意地点到客户的"死穴"。

其实，这种策略可以应用到与人交往的各个方面。我们所处的社会是个大舞台，每个人所扮演的角色都各不相同，杂乱而又多变。我们只有善于与不同性格的人交友，才能在人际交往中游刃有余，在社会中占有一席之地。

我们生活的环境中，总是存在形形色色的人，但无论是什么人，都有他们的弱点，在与他们交往的过程中，在沟通无效的情况下，我们不妨使出这最后一招——点到对方的"死穴"，对方必定束手就擒。

小唐今年刚毕业，毫无工作经验的他，很幸运地被一家小公司录用，现在已经工作两个多月了，但最近他才发现，与自己共事的一个男同事实在不好相处。

"刚来公司上班时感觉还可以，因为公司只有我们两个男同事，我们的共同语言很多。他是我的搭档，比我小一岁，是独生子，性格还挺活泼，但慢慢地就感觉和他很难相处。刚来的时候很热情，但是第一印象就是很能吹，而且刚来就背着我说老板的坏话，还自以为所说的都是经验之谈，见识又广，给我讲了很多社会上的大道理。后来更不能让人容忍的是，他很骄傲很自大，说他们家乡人多有钱。有一次，我请他吃饭，等我把钱付了，他把钱包露出来给我看，说你就剩那点儿钱了，我这零头都比你的多。工作中，大家也不怎么喜欢和他接触，而我们是搭档，真不知道如何和他相处……但后来，我发现他有一个弱点，那就是他比较怕办公室的杨主任，只要杨主任在，他就老老实实的。后来，为了制服他，我就和杨主任申请了一下，和他换了个座位。这下，在杨主任眼皮子底下的他老实多了，工作起来也踏实多了。"

小唐的这位同事就是典型的骄傲自大者。在没有任何成就的情况下，他们喜欢自吹自擂；一旦小有成就，就沾沾自喜。他们总希望自己能成为交际的"中心人物"，因此，他们总是想方设法地让大家都崇拜他、尊敬他，常摆出一副咄咄逼人、唯我独尊的架势，缺少自知之明。和这种人交际或共事，一定要找到他的软肋，上面案例中的小唐就找到了制服他的办法，否则，你将永远被他"骑在头上"。因此，你千万不要低声下气，也不要以傲抗傲，而应该在不知不觉中直击对方的弱点。

具体来说，在运用这一策略的时候，我们需要注意：

（1）一是点对方的"死穴"要在不经意间，杀对方一个措手不及。

（2）二是不要点到对方一些无关痛痒的地方，以免打草惊蛇。

注意以上两点，我们便能掌握这一策略的精髓了。

用对方的回忆来攻其不备

我们知道，人的一生是由众多的回忆构成的，有美好的、有痛苦的，越是难忘的回忆，越能勾起人们心灵深处的情感。因此，回忆也是

人们的弱点之一。在与人交往的时候，我们也可以用对方的回忆攻其不备，以此来说服对方。

山东某企业家张先生原是东北吉林人。张先生虽已成家立业，但时时刻刻都想着家乡，却因为工作繁忙，一直没时间回去。

在张先生的家乡——吉林的某个小县城里，有个姓王的政府工作联络员，他最近遇到了一些工作上的麻烦：当地发改委为了拉动经济发展，决定办几家加工厂，但这对一个经济落后的县城来说并不是一件简单的事，首先需要考虑的就是资金问题。怎么办呢？有人给王某出了个招——找张先生帮忙。

随后，王某研究了一下张先生的资料。他发现，张先生果然对家乡的投资建设很感兴趣。因此，他决定前往山东去拜访一下这位张先生。

这天，王某利用周末时间来到张先生的家里，在听到老家有客人来时，张先生很高兴，也有些惊讶，因为久不闻家乡的信息了。他想，这人不会是打着老乡的幌子来骗钱吧？

王某是个聪明人，他知道张先生肯定不相信自己，于是，他决定先不提投资的事，而是主动提到很多家乡的话题，将家乡在改革前后的很多变化都绘声绘色地表达出来，然后又讲到了家乡的风景、美食，甚至还提到一些大街小巷的奇闻趣事。张先生随着王某的讲解逐渐想到了自己的亲人、自己的童年，甚至从前的小伙伴……很显然，张先生已经被王某感动了，他对家乡的思念也一下子涌了上来。

就这样，三个小时很快过去了，张先生依然意犹未尽，但他也知道时间不早了，但直到谈话结束，王某也未提及投资的事。最后，张先生主动表态，要为家乡的建设贡献一份力量。

俗话说："老乡见老乡，两眼泪汪汪。"上面案例中的王某就是通过展现乡情，然后触动对方的回忆来打动张先生的。

的确，生活中，真正成大事者，往往懂得借助他人的力量，能用言语感动人。因为人都是有感情的，世间之事也逃不过一个"情"字，求人办事时更是如此。情真方能动人，只因无论再铁石心肠的人也难免不为真情所动，而回忆就是勾起对方情感的重要方法，每个人都会成长，

而有成长就有回忆,那么,与人沟通中,我们应该怎样用对方的回忆来攻其不备呢?

通常来说,我们可以从以下几个方面努力:

1. 多做了解,因为了解能牵动对方感情的"回忆"

与人沟通中,我们虽然强调要多观察,但有些问题无法通过表面的观察发现,比如,对方内心的情感,也包括他们的往事等,因此,沟通前,我们最好先做一番工作,了解一下对方在成长、奋斗中所经历的坎坷、磨难或者一些感人事迹等。这些回忆,我们了解得越详细,越能牵动对方。

2. 从对方最深的情缘说起

人的经历中,不是所有的事都能成为回忆,也不是所有的回忆都能让对方为之动容,因此,我们在勾起对方回忆的时候,一定要从对方最深的情缘说起,比如,创业过程中的那些艰辛、与困难作斗争等。

3. 融汇自己的感情

当然,我们在勾起对方回忆时不能毫无感情,用回忆牵动别人,需要我们把事情融入动情的叙述中。在表达过程中融入自己的情感,更有渲染力,通常来说,一句富有人情味的感慨,往往比那些大道理更具有说服力。

总之,欲知其人,先善其思!意思就是说只有先了解对方的心里所思,才能在语言、行为上更了解他人。同样,要想了解对方的弱点,我们就必须对其进行深入了解,挖掘最能牵动对方情感的回忆,才能真正地做到"一招制敌"。

以退为进

当今社会,处处存在着激烈的竞争,与对手较量,难免会产生利益

活学活用心理策略
huoxue huoyong xinli celüe

的冲突，此时，那些以大局为重、聪明的人绝不会逞一时之勇，与对手斗气，而是先隐忍，以退为进，让对手三分，隐藏实力，并伺机而动，厚积薄发。的确，尤其是当自己羽翼还未丰时，更要懂得这一韬光养晦术，这是保存实力、积蓄力量的重要手段。"退避三舍"的故事就说明了这个道理。

春秋时候，晋献公因为听信谗言，杀了太子申生，又派人捉拿申生的异母兄长重耳。重耳事先知晓了此消息，就逃出了晋国，在外流亡十几年。后来，经过跋山涉水，他来到了楚国，楚成王是个有远见卓识的君王，他认为重耳日后必定大有作为，在闻知重耳来到楚国时，便以国君之礼相迎，待他如上宾。

一天，楚王设宴招待重耳，两人饮酒叙话，气氛十分融洽。

忽然楚王问重耳："你若有一天回晋国当上国君，该怎么报答我呢？"

重耳略一思索说："美女侍从、珍宝丝绸，大王您有的是，珍禽羽毛，象牙兽皮，更是楚地的盛产，晋国哪有什么珍奇物品献给大王呢？"

楚王说："公子过谦了，话虽然这么说，可总该对我有所表示吧？"

重耳笑笑回答道："要是托您的福，果真能回国当政的话，我愿与贵国友好。假如有一天，晋、楚两国之间发生战争，我一定命令军队先退避三舍（一舍等于三十里），如果还不能得到您的原谅，我再与您交战。"

四年后，重耳真的回到晋国当了国君，他就是历史上有名的晋文公。晋国在他的治理下日益强大。

公元前633年，楚国和晋国的军队在作战时相遇。晋文公为了实现他许下的诺言，下令军队后退九十里，驻扎在城濮。楚军见晋军后退，以为对方害怕了，马上追击。晋军利用楚军骄傲轻敌的弱点，集中兵力，大破楚军，取得了"城濮之战"的胜利。

这就是"退避三舍"的故事，以退为进，先让对方三分，能让对方

放松警惕，此时，便能一举攻破对方的弱点，获得最后的胜利。

懂得减速和停止，是人生的一种境界，一味地追求高速度和高效益，也许并不能达到预期的目标，反而会适得其反。用了多大的冲劲，就能招致多大的损伤，这是必然的。或许就是因为有了喘息的机会，才有足够的体力实现下一步的飞跃。

"以退为进"更是一种高超的策略。其实，当今社会，与人交往亦是如此，高手如云，一些人凡事都争强好胜，让人觉得咄咄逼人。而实际上，真正的心机并不是出风头，而是示弱，示弱并不意味着无能，而是一种以柔克刚的大智慧。承认"无知"，多学多问，是铺设成功之路的必备素质。学会了妥协，就能学会以屈求伸，以退为进，以静制动，以柔克刚，你才能成为最后的胜利者。

有一次，在决策会上，松下幸之助对一位部门经理说："我个人要做很多决定，还要批准他人的很多决定，实际上只有40%的决策是我真正认同的，余下的60%是我有所保留的，或是我觉得过得去的。"这个经理觉得很惊讶，他说道："如果是您不同意的事，您大可一口否决就行了，完全没有必要征求旁人的意见。"松下幸之助接着说："我虽然是公司的最高领导，但我不可以对任何事都说'不'，因为任何人都不喜欢被否定。即使我认为是勉强的计划，也不会立即否决，我会在实行过程中指导它们，使它们重新回到我所预期的轨道上来。公司是一个大的团队，不仅仅是我一个人的公司，还需要大家的群策群力，妥协有时候能使公司更强大、人际关系更融洽。"这一番话使得这位经理更加佩服松下幸之助。

可以说，松下幸之助就是个善于笼络人心的人，即使成功后，他依然尊重员工的发言权，这就是一种会妥协的交际策略。正如他说的，没有人喜欢被否定，人们都希望得到他人的认同，他利用的就是人的这种心理。

以退为进，是平心静气后的理智思考，有利于自己找到目标。打个比方说，人走在沙漠中，会心慌意乱，不知往哪个方向走，这就是为什么有些人会死在沙漠中。倘若能冷静下来，借助星辰找准方向，朝着一

个方向走，结果会大不一样的。

不过，我们也不可能事事退让，妥协要看具体情况。要看你的大目标所在。也就是说，为了达到大目标，可以在次要的目标上作适当的让步。这种妥协并不是完全放弃原则，而是以退为进，以屈求伸。我们要有长远的眼光，以大目标为我们交际的根本动力，适当的时候妥协，才会向我们的大目标更进一步！

运用权威，赢得对方信赖

生活中，有很多感性的人，他们喜欢描述、夸大事情，但如果感性的你希望自己的话能起到作用，那么，最好在日常工作中用事实说话。"百闻不如一见"，事实胜于雄辩。如果从心理学的角度来分析，人们的心理趋向是求真、求实，只有真实的东西，才是人们最相信的。如果我们不是"权威"，就要善于制造"权威"。要使别人心服口服地接受你的观点、意见，就要让事实说话。在说服中，要善于运用事实充分交流法。这种说服方法重要的一点就是尊重客观事实，用事实说话。运用事实交流法说服最能打动人心，最能使人信服。

同样，人际交往中，我们也不应与人争论，要想真正说服对方，完全可以用事实和权威来说服对方，具体来说，我们可以这样做：

1. 放低姿态，不妨先承认对方正确

那些爱较真的人虽然嘴上功夫厉害，但是也有一个弱点，那就是喜欢被人夸耀。因此，与他们打交道时，我们要表示尊重，让他们说话，并以和善的态度对待他们。此时，如果我们能把握住对方的这种心理，抓住时机，不知不觉地给对方戴上"高帽子"，就能获得最终交易的成功和实际利益。

2. 关键时刻强势一点

如果一味地认同对方，难免有奉承之嫌，也会显示出你的软弱。因此，要想真正地说服对方，我们最好在关键时刻强势一点，拿出一个权威性的证明，那么，说服客户并不是不可能，但即便再强势，也要保持良好的态度，最好先肯定对方的意见。比如，我们可以这样说："说句实话，我从事电脑销售好几年，像您这样如此关心本公司产品性能的客户，我见得不多，像您这样了解本公司产品的客户，更是少之又少，而且您的建议对我们很有用，所以我衷心地谢谢您。正如您所说，我们的产品现在还存在一定的问题，不过现在它的市场销量很好，说明还是有不少益处的。您看，这是我们去年的销售情况一览表……承蒙您这种客户的关照，我们会注意改进产品的性能。您买了我们的产品，如果在使用的过程中有什么问题，欢迎您提出建议。"这样说，客户一定能接受。

总之，与那些难缠的、爱较真的人打交道，我们明知对方说的话毫无道理或者根本是在诡辩，也不可以对其指责或点破，毕竟退一步海阔天空。如果我们要真正说服对方，不妨让对方一步，关键时刻还需要强势点，让权威来说话，对方自然无话可说！

第12章 爱恋心理策略：恋爱中的攻心策略

活学活用心理策略
huoxue huoyong xinli celüe

测测你们之间的心理距离

可能很多恋爱中的男女都遇到过这样的困惑，双方已经很熟悉，但却不知道如何把握两人之间的距离感。最可怕的是，当你觉得两个人的感情已经趋于稳定，应该进入到你认为的下一阶段，如正式成为男女朋友时，对方的想法却和你完全不一样。很多时候，正因为这样，两个人会闹得不欢而散。那么，你应该如何探知对方和你的想法是否一致呢？此时，你不妨使用"杯子技巧"来试探。

具体的操作技巧是这样的：周末或者闲暇之时，你可以把对方约出来喝杯咖啡或者饮料，闲聊过程中，你可以假装不经意地把自己的杯子移近对方的杯子，此时，你可以留意一下，如果对方并没有把杯子移开，那么，表示他已经接受你了。相反，则表明你们的关系还是保持现状比较好，先给对方一段时间吧。透过杯子间的距离，就可以测知两人的距离。

的确，生活中，我们与任何人从开始交往到最终成为朋友，都要经过一个相识、相知的过程。了解双方的心理距离，能帮助我们进一步采取交际对策。

拉拉和杰森是一对已经相恋十年的情侣，从大学时代开始，他们就是所有同学看好的一对，所有人都认为他们会结婚。毕业以后，他们俩都找到了自己满意的工作，十年来，他们一直都在为自己的梦想奋斗着，但如今，拉拉快30岁了，她等不起了。看着镜子里不再青春靓丽的

第12章 爱恋心理策略：恋爱中的攻心策略

自己，拉拉有点儿担忧。她想有一个完全属于自己的家。但拉拉心里明白，杰森是个工作狂，他到底想不想结婚呢？于是，拉拉决定和杰森好好谈谈。

这天，下班后，拉拉把杰森带到了他们第一次约会的咖啡馆。刚开始，他们面对面地坐着，两个人沉默地喝着咖啡。拉拉等着杰森先开口，但杰森一直在摆弄自己的手机。拉拉只好主动开口："亲爱的，你对未来有什么打算吗？"杰森沉思片刻，用坚定的目光看着拉拉说："我准备辞职，自己开创一家公司，你认为如何？我在现在这家单位已经工作六年了，所以，我觉得我已经深入了解了这个行业的运作流程，我有信心，我觉得自己能干好！"拉拉微笑着对杰森说："当然，我相信你的能力，你总是那么优秀，几乎任何问题都难不倒你！"杰森接着说："拉拉，等我自己开公司了，我一定在上海最金贵的地段给你买一套大房子，然后咱们结婚生孩子！"说着，杰森情不自禁地笑起来，他真的很爱拉拉，这一点，拉拉心里也清楚。

接下来，拉拉准备试探一下杰森："可是，我不在乎有没有一栋大房子，我只希望我们两个能够在一起。再过两个月，我就整整30周岁了，你知道，女人过了35岁生孩子很危险，我想，现在正是我们结婚生子的好时候。"说着，拉拉坐到杰森的身边，依偎在杰森的怀里，顺手把自己的咖啡杯和杰森的杯子放在了一起，紧紧贴着，就像他们俩此时一样。"现在？"杰森一边说一边舔了舔嘴唇，他拿起咖啡杯喝了一口咖啡，顺手把杯子放到了距离拉拉杯子10厘米左右的地方，继续说道："拉拉，我想给你更好的生活，我不希望咱们的孩子出生在出租房里。相信我，拉拉，只要我自己开公司，用不了两年，我们就能实现买大房子的梦想。到时候，咱们再结婚，保证你可以在35岁之前生宝宝。"拉拉叹了一口气，她知道杰森的脾气，他决定的事情是无法改变的，既然他想开自己的公司，就不会在这个关键时刻结婚。于是，拉拉坐直身体，正视着杰森的眼睛，说："那好吧，杰森，我愿意等你，我相信你的能力。"

其实，拉拉和杰森已经相恋十年，完全可以结婚。但是，在拉拉提

189

出请求的时候，杰森并没有明确地拒绝，拉拉为什么不坚持一下呢？原因很简单，就是因为咖啡杯。拉拉在依偎到杰森怀里的时候，同时把自己的咖啡杯和杰森的杯子紧紧地贴在了一起，但是，杰森显然还没有准备好结婚，虽然他没有明说，但是他在放咖啡杯的时候，把自己的杯子放到了距离拉拉的杯子10厘米左右的地方，这就表明，杰森是不想现在就结婚的，所以他才会在不知不觉中把自己的杯子放到了距离拉拉杯子10厘米之外的位置。

这就是"杯子技巧"在生活中的应用。利用"杯子技巧"，可以探知对方的真实想法。

在生活中，杯子技巧不仅可以用来测试恋人之间的距离，也可以用来测试朋友、同事之间的距离。当然，测试朋友和同事之间的距离时无须像拉拉那样把杯子紧紧地贴在一起，只要超过你们平时的亲密界限就可以了。此外，这种杯子效应其实在生活中非常常见。仔细回想一下，你就会发现，每当单位开会的时候，同事之间的座次是有规律的，你总会不由自主地靠近一些人，也会不由自主地疏远一些人。此外，坐火车的时候，都是陌生人，你与谁的关系更近？只要回想一下就不难发现，你肯定与自己的邻座、上下铺，或者对面的乘客搭讪更多，而很少与坐得比较远的或者是隔壁车厢的陌生人说话。由此可见，随着空间距离的缩小，人们之间的心理距离也会缩小。在与人交往的过程中，如果我们能够灵活地运用"杯子技巧"，就能轻松地测试出对方与自己的心理距离，从而更好地把握交往的节奏和进度。

当然，我们不必非要利用杯子，其他很多东西也可以。

比如，你和他对面而坐，你可以假装不经意地将手越界伸到桌子上他的那一半区域，看他的手或身体是否回缩。如果并排而坐，你也可以假装不经意地将身子向他靠近或倾斜，同时观察他的反应。

第12章 爱恋心理策略：恋爱中的攻心策略

创造机会接近对方

周末这天，陈东来到商场，准备为自己添置一双鞋。来到某品牌专柜，他左看右看，也没选到合适的。正准备离去时，他看到一个女孩，长发飘飘，清新脱俗，好像在哪里见过，自从这一刻起，他就对这个女孩一见倾心。他发现，这个女孩真的好面熟，仔细想了想，原来大家都在同一座大楼上班。他很想认识这个女孩，于是，他准备主动接近她。

陈东发现，这个女孩是左手拿包的，那么，从对方的右侧开始搭讪比较好。

接下来，他发现，这个女孩走进了一家鞋子专柜，陈东继续假装看鞋。

"小姐，你们这双高跟鞋打不打折，啷个那么贵？"这女孩一口重庆腔。陈东刚好在重庆上过四年大学，更觉亲切，禁不住想过去和她说几句话，但未免显得唐突，只好作罢。

"不好意思，我们这里的鞋子全部正价。"

"可是一般的专卖店也会打个八折，一双鞋子八九百，实在有点贵撒。"此时，陈东站在了女孩的右侧，用重庆口音与导购员对话。听到陈东的回答，对方似乎很吃惊，但立即表现出一副很高兴的样子，对陈东说："你是重庆哪里的？在北京做什么工作啊？"

"不是，我在重庆读了四年大学，对了，你是不是在××大楼上班？我以前好像见过你，还不止一两次呢？"

"是撒，我自己开了个保健品公司。"

"相比之下，我就自愧不如了，我还是个打工仔呢！"

"没啥子，我当初也是这样一步步走过来的，也打了很多年工。"

"对了，我们交换一下电话吧，以后有事互相联系啊。"

"你不说我差点忘了……"

活学活用心理策略

就这样，陈东和这个女孩认识了。后来，他们成了很要好的朋友。又过了不到半年的工夫，他们就成了恋人。而现在，他们已经步入了幸福的婚姻殿堂。

由于陈东很善于和女孩搭讪，最终，他成功地俘获了女孩的芳心。这里，我们发现，陈东在接近对方时，使用了一点心理技巧——他发现女孩是用左手拿包包的，于是，他选择站在女孩的右边说话，为什么他要这样做呢？因为从心理学来讲，每个人身体左右两边的敏感度是不同的，一边迟钝一点，一边敏感一些。这一点，因人而异，但无论如何，人们对于自己比较迟钝的一边，会本能地产生戒心。若对方左手拿包，那么，则证明她的左边就是比较迟钝的，戒心也较强，你从此处入手，被拒的可能性当然会大些。

教你一个让异性停下脚步的高效率搭讪法。

聪明人在同异性搭讪时，往往会选择对方没有拿包的一边。因为他们知道，正面搭讪，往往会引起对方的戒心，而侧面搭讪也是有技巧可言的。

关于包包，还有其他一些值得我们注意的问题。很多时候，包包能体现你与对方之间的距离问题。若你的情人把包包放在你和她之间，那么，这表明她还没有充分接受你，还不想与你靠得太近。因此，你应该细心点，当你发现对方有意把包包放在你们座位的中间时，你就应该知趣一点，还是暂时保持一定距离为好。

当然，在追求异性时，我们除了用包包或行李判断，还有其他方法。比如，观察对方头发的分线。对方前额隐藏的一边，应该是较迟钝的一边；相反，则是机敏的一边。因此，你若发现对方的右额是露出的，那么，她的右边就是比较机敏的，你就应该从右边搭讪。其实，这种搭讪方法应用得比较广泛，除了追求异性，在接待客户或者销售产品时也经常用到。

如何含蓄表达情意

任何人的一生中,都会经历恋爱这个美妙的过程。但恋爱前的这个过程却是纠结的、青涩的,因为双方对于彼此的心意都不了解,即使对面坐的就是你心仪的男孩或女孩,你也常常会因为紧张而不知所措。其实,此时我们不妨巧妙地施予一点策略,吐露你的仰慕之情,然后突破这层关系,从而为下一步的接触打下良好的基础。

老一代著名电影艺术家赵丹与黄宗英的结合,很大程度上取决于第一次见面时赵丹的幽默含蓄。20世纪40年代,赵丹刚从监狱出来,此时妻子已经改嫁。一部电影挑选了赵丹与黄宗英作为男女主角。在没有见面之前,赵丹就对黄宗英倾心。

第一次见面,黄宗英说:"真没有想到你会来接我。"

赵丹:"为啥我就不能来接你?"

黄宗英:"你家里就没有一点事?"

赵丹:"家?我早就没有家了。"

黄宗英:"我不明白,大上海有那么多明星,为什么千里迢迢来找我?"

赵丹:"这叫千鸟易得,一凤难求。"

赵丹的一句"千鸟易得,一凤难求"幽默地表达了自己对黄宗英的情有独钟,这就为他们的进一步交往打下了基础。

的确,任何一个心理成熟的人,都不会因为爱而做出"不要脸面"的事、说出"不知羞耻"的话,你若把你的爱当成一壶热水泼向你的爱人,那么,对方是不会接受的。也有这样一些人,他们即使心中有爱,也不愿说出口,最终他的爱渐渐流逝。很明显,这两种方法都不是表达爱的最佳方式,那么,我们应该怎样将我们内心涌动的爱恰到好处地传递给对方,从而博得对方的好感呢?这里的温婉含蓄就是打开恋爱之门的金钥匙。

活学活用心理策略
huoxue huoyong xinli celüe

李刚是一个不拘小节的人,他有很多朋友和哥们儿,但他不明白的是,为什么自己总是追不到女孩子。

他经常去一家叫黄鹤楼的饭店吃饭,渐渐地,他看上了一个叫阿玲的姑娘,第四次消费时待阿玲端盘上菜之际,李刚就拉住阿玲的手腕说:"姑娘,哥爱你。"就是这一句话,阿玲板着脸喊道:"你这人有病啊!"姑娘这一声惊喊,吸引了好多人好奇的眼光。

李刚见"爱心"遭到了"恶"报,只好自言自语道:"不让爱拉倒,翻什么脸,我又没什么恶意。"

阿玲怒火未消,继续说:"你脑子里进水了,有你这样谈情说爱的吗?"看看,李刚自认为实话实说没什么,结果却遭到了阿玲的嫌弃和鄙夷。

的确,大胆没错,但不能太过"明目张胆",别说是在中国这个"礼仪之邦",就是在西方国家也不可能将"姑娘,哥爱你"赤裸裸地表现出来,还得要"羞答答的玫瑰静悄悄地开"。怎样"开"?委婉含蓄就是一个绝妙的智慧体现。事实上也是如此,很多和李刚一样如此追求女孩的人,他们的心地未必不善良,内里也未必不秀,可刚接触,谁能通过"表层"看到"内部"呢?看来,大胆另类的做法并不可取。

可见,爱需要表达,但也要注意方式,如果你懂得利用策略在恋爱中制造浪漫,那么将有情人终成眷属。正是因为如此,人们才乐于用这种含蓄的语言形式表达爱的情感,使双方在欢笑中体会到彼此的爱。而且,心理策略并不是名人大师们的专利,作为普通人的你同样可以为自己的求爱制造一些浪漫氛围。

有个聪明的小伙子,在给自己心爱的人写情书时,写了这样一句话:"我中箭了,是丘比特的金箭。祈求你同样中箭,不是铅箭,而是金箭。"

在古希腊神话中,有个"丘比特爱神的传说",这个传说很浪漫,说的是被爱神丘比特的金箭同时射中的一对男女能白头偕老、恩爱一生。如果一方中了金箭,另一方中了铅箭,那中金箭的一方只能

第12章 爱恋心理策略：恋爱中的攻心策略

"单相思"，是毫无结果的爱。而这个小伙子所写的情书中，正是运用了这个神话传说，将自己对姑娘的爱慕表达出来，恐怕没人会拒绝这样的求爱。

可能现实生活中的很多人，明明爱着对方，却不知道用什么方式来求爱。处在热恋中的情人，只要用心，可以随时利用策略来给爱情加温。其实，想让与你相处的人笑声不断、心花怒放，并没有想象中那么难。也许就是你信手拈来的一个笑话，也许是即兴模仿的一个手势，也许是你反其道而行之的一句嘲讽，别小看这些小技法，它们可是制造情趣、让恋爱双方享受浪漫情意的法宝。

怎么知道对方对你的感觉

小风和小夏是一对人人羡慕的情侣，谈起他们的相识和相爱，还有一段曲折离奇的故事。

小风当时在北京的一家公司上班。小夏正是因为面试才认识小风的，虽然面试没有成功，但却和小风成了好朋友。你来我往，情愫渐生。

小夏毕业后，小风已经不在北京上班了。而此时的小夏也没有在北京找工作的打算，后来，通过联系才得知，小风居然去了自己老家的一家公司。于是，小夏头脑一热，也回老家了，见面成了自然而然的事情。

第一次正式约会那天非常热，小夏的方位感很差，尽管已上完大学，仍然只知道左右而分不清东南西北，通着电话，却找不到对方。在相约地点迂回了一个小时后，终于胜利"会师"。但是此时小夏已经晕头转向、气急攻心并且有严重的中暑倾向。见到小风以后，也不顾及是不是第一次约会，更顾不得矜持不矜持了，她对小风说："我快休克

活学活用心理策略

了，英雄能不能借我肩膀用一下。"小风先是愣了一下，然后扶着小夏走进一家快餐店避暑。

从此以后，王子和公主开始了幸福的生活。过了很长时间，小风疑惑地问为什么第一次见面就借肩膀。小夏告诉他："我是想试探一下你对我有没有意思呗，要是有，自然不会拒绝，若没有的话，你肯定会找借口推托。幸亏你没有被我吓跑。"

这里，女孩小夏使用了心理策略，她对小风有情，却不知道对方是怎么想的，此时，她便使用了这一探测对方心思的技巧——借对方的肩膀靠一下。如果小风找借口推托或者有抗拒动作，那么，就说明对方没有意思；而事实是，小风接受了小夏的暗示，两人都赢得了幸福的爱情。

的确，男女双方在不明确对方心意的情况下，都是"艰苦难熬"的，直接表明自己的心意又怕被拒，那么，此时该怎么办呢？其实，你不妨使用心理策略，通过采取一定的语言和动作技巧探明对方的真实想法。

在法国，有一个小伙子爱上了一位姑娘。

一天，小伙子来到姑娘家，两人在火炉边烤火。小伙子说道："你的火炉跟我妈妈的火炉一模一样。""是吗？"姑娘漫不经心地应道，她还以为这是小伙子随便说的一句话。"你觉得在我家的炉子上你也能烘出同样的碎肉馅饼吗？"他幽默地问。姑娘愣了一下，随即悟出了问话的含意。她欢愉地答道："我可以去试试呀！"

这个小伙子是浪漫的，普通的火炉，碎肉馅饼都能被他当成求爱的工具，很明显，他成功了，这个女孩的回答"我可以去试试呀！"已表明她愿意接受男孩的爱。

那么，现实生活中，面对自己心爱的人，我们应该如何通过心理策略来探知他们的真实想法呢？

1. 故意否定法

故意否定法就是，面对你心仪的男孩或女孩，你想知道对方是不是也喜欢你，那么，你可以故意试探："我给你介绍个男孩（女孩）认识吧。"如果对方也喜欢你，那么，他（她）必定会很坚决地告诉你："不用了。"这样的场景恐怕生活中很常见。相反，如果对方说："好啊。"那么，你就不得不承认，对方对你没有意思了。

2. 以"身"试探

这里的"身"，指的就是人的身体。比如，在交谈中，你故意稍微靠近对方，如果对方有意移动身体——离你远点，那么，说明对方对你没有意思，而如果对方没有身体上的回避，那么，就说明他（她）并不抗拒你。

当然，这里，我们还可以运用"杯子技巧"来试探。你可以在时间充裕的周末，把你心仪的男孩或者女孩约出来一起喝杯咖啡或者其他饮料，在交谈一段时间以后，你假装不经意地把自己的杯子移近对方的杯子，如果对方没有移动杯子的话，就说明两人的距离感缩短了。如果对方默默地把杯子移开的话，就表明对方觉得两人还是维持现状好，没有进一步交往的打算。

可见，妙用心理策略，能帮助我们解决恋爱中难以开口的问题——探知对方的心意，因为只有了解对方的真实想法，我们才能采取进一步行动！

换位思考，给爱人多一份理解

有句英国谚语说："要想知道别人的鞋子合不合脚，穿上别人的鞋子走一英里。"这就是让我们学会设身处地地理解他人的情绪，感同身受地明白及体会他人的处境及感受，并可适宜地应其需要。婚姻与爱情中，也是这个道理。不要以为两个人熟悉了，就可以感情用事，说话不顾及对方的感受。这也是引发很多家庭矛盾与危机的重要原因。在争吵之前，先站在对方的角度考虑问题，多给爱人一份理

解,那么,你或许能看到事情的另外一面,也就能平心静气地坐下来将问题解决了。

小许是一名中学教师,平时生活比较有规律,下了班就回家做饭、照顾父母。和她不同的是,丈夫因为经营了一家公司,需要在客户和供应商之间周旋,常常应酬到深夜才回家。对此,小许从未怪丈夫不早点回家陪自己,而是担心丈夫的身体。她知道,若长此以往,那么,丈夫人到中年可能会有一些存款,但他的身体肯定也垮了。

这天晚上十二点左右,小许还在等丈夫回来,锅里的小米粥热了一遍又一遍。终于,她清晰地听到楼下汽车的声音,她马上出去开门,果然,丈夫东倒西歪地走了过来。小许气急了,对丈夫说:"你有本事就别回来了嘛!"

"你这是什么话,我辛辛苦苦在外面赚钱养家,你怎么这么说?"

小许一听,知道自己话说重了,但她是在担心丈夫,于是,她又说:"老公,你知道吗?嫁给你这几年,我很幸福,但随着你事业越做越大,我担心的就越来越多,尤其是你每天应酬,你的胃经常痛,你的健康状况也越来越差,你是家里的顶梁柱,千万要照顾好自己的身体。"

听完妻子的话,半醉半醒的丈夫眼眶顿时湿润了,他一把搂住小许,对小许说:"老婆,对不起,让你担心了,以后能不去的应酬,我尽量推辞,你放心吧。"

小许用力地点了点头。

生活中,可能很多妻子都遇到过这种情况,你们是怎么做的?上述案例中的妻子小许的做法是正确而有效的,面对应酬到半夜才回家的丈夫,她并没有多加责怪,而是从理解的角度,对丈夫说了一番动情的话,让丈夫认识到妻子对自己的关心和担心,于是,一场即将开始的争吵就这样平息了。

很多时候,我们看到的婚姻和爱情中的场景是:两个人因为一些鸡毛蒜皮的事上演家庭大战,这时,家便不再是温馨的港湾,而是布满了阴霾,两个人都极力为自己辩护,甚至最后还动起手来,最终,两个人闹得不可开交。而如果这样的情景经常发生的时候，那么两人要么凑合过一生，要么离婚。事实上，他们不知道，家是一个讲爱的地方，不是一个讲理的地方，更不是一个算账的地方。因此，生活中的人们要记住，对方是你的爱人，而不是仇人。

我们常规的思考问题的方式是：我们站在什么角度，就会做什么事，说什么话。而实际上，"横看成岭侧成峰，远近高低各不同"。当我们从不同的角度看待问题时，却又是另外一番光景。另外，不同的人，看待不同的事，也会有不同的观点。所谓"仁智见仁，智者见智"，有些事情并不一定是对或错，而是因为眼光不同，看法也就不一样。因此，如果我们要做好沟通，最好站在对方的角度考虑，不要认为自己永远是对的。

在家庭中，男女双方处理很多事情的方式方法都不同，比如，男人一般大大咧咧，他们每天忙于工作、事业、应酬，会经常忘记妻子的生日、结婚纪念日，忘记给妻子买礼物，或者因为琐事太多而不像结婚前那么细心，而敏感的女人就会认为丈夫不再爱自己了，抱怨自己人老珠黄，甚至担心丈夫有外遇等。其实，如果女人多想想丈夫，他们是注重实际的一个群体；而男人也抽出时间来哄哄自己的妻子，那么，家庭就会和谐、融洽。因此，有时候我们确实需要学会换位思考，站在对方的立场上，想对方所想，理解对方的需要和情感。这样两个人才能在内心实现真正的沟通。

爱人间需要注意的是：时刻关注对方的感受；要互相礼让；要站在对方的角度思考问题。爱人相处如何，并不在于性格是否相同，而在于爱人之间如何相处。如果性格差异较大的双方，能按以下几点去做，也一定会相处得很好。

在面对分歧的时候，我们需要掌握以下四要素：

（1）沟通：婚姻中若没有沟通，那么，这场婚姻迟早会不欢而散。沟通，就是要做到不要把话憋在肚子里，多和你的爱人交流你的想法，多了解你的爱人，那么，就会少了很多所谓的矛盾。

（2）慎重：遇到事情要冷静对待，尤其是遇到问题和矛盾时，要

活学活用心理策略
huoxue huoyong xinli celüe

保持理智，不可冲动。冲动不仅不能解决问题，反而会使问题变得更糟，最后受伤害的还是彼此的感情。

（3）换位：有时候，己所不欲，勿施于人。不要凡事都把自己的想法强加给对方。遇到问题的时候多进行一下换位思考，站在对方的角度上好好想想，这样，你就会更好地理解你的爱人。

（4）快乐：拥有快乐的心情才能构建起幸福的婚姻与爱情。所以，进家门之前，请把工作上的烦恼通通抛掉，带一张笑脸回家。如果所有的家庭成员都能这样做，那么这个家一定会是最幸福的家庭。

经营爱情，男女都要有点策略

陈诚与女友小叶相识于大学时代。刚开始的时候，陈诚的父母表示强烈反对。因为陈诚是家里的独子，所以父母一心想让他大学毕业后回到家乡内蒙古工作。而小叶也是家里的独生女，她的父母也想让她大学毕业后回到家乡广东工作。这样一来，陈诚的父母很头疼，这到底去哪里好呢？显然去哪儿都不合适。最合乎理想的是陈诚大学毕业后先回到老家找一份稳定的工作，然后在本地找一个知根知底的女朋友，顺其自然地结婚、生子、过日子。但是，陈诚显然不愿意听从父母的建议。

其实，陈诚的父母心里很清楚，儿子从小就有主见，自己决定的事情很难改变想法，而且，陈诚的逆反心理很强，如果父母说得不对他的心意，他就会坚定地与父母作对。因此，父母想来想去，虽然表示了强烈的反对，但是却一直没有采取具体的行动，因为他们生怕事与愿违：万一儿子一生气决定去女友家发展了呢？

陈诚是个聪明的小伙子，他知道父母肯定也想到了这点。于是，他和小叶商量好，哪里都不去，就待在他们读书的城市——北京，并

第12章 爱恋心理策略：恋爱中的攻心策略

且他也让小叶这么跟家里"斗心"。当他们把想法告诉各自的父母时，没想到四位老人都同意了，并且，他们还建议陈诚和小叶再读个研究生，以后在北京落户也方便些。陈诚喜出望外，马上就采纳了父母的建议。

其实，陈诚敢于和父母作对，是因为他了解自己的父母，他们害怕自己的儿子一气之下去了广州。当得知儿子作出了留在北京的决定之后，陈诚的父母终于放心了，毕竟北京比广东距离内蒙古近多了，而且儿子也不用去适应广东那与内蒙古截然不同的环境气候与饮食习惯了。老两口自我安慰道：如果儿子能在北京落户，不是也很好吗？想儿子了随时都可以去看看，比去广东方便多了。而陈诚的心里也美滋滋的，得到了父母的谅解与支持，他与女友小叶的爱情就显得更加美满了。

真可谓有情人终成眷属，男孩陈诚为什么能和自己的女友小叶坚持到最后，收获了甜蜜的爱情呢？因为他在与父母的"较量"中，掌握了父母的心理，运用了心理策略，他了解自己的父母，知道他们最害怕的是自己因为逆反心理而与女友去了广东，因此，他和小叶都同时为自己赌了一把，最终留在了中间地带——北京，获得了一个皆大欢喜的结局。

任何一个人都希望自己爱情顺利、婚姻幸福，然而，正如上述案例中的陈诚一样，人们总会遇到一些不和谐的因素，此时，就需要男女双方共同努力、共同经营。这个过程中，如果我们能学会运用一些技巧，那么，势必会事半功倍。

（1）你应该做到最起码的一点，那就是了解你的爱人，这其中包括性格、爱好、兴趣等方面。可能你也曾经有这样的感触，当你和爱人吵完架后，你会对对方说："你又不是不知道我，我是刀子嘴豆腐心。"其实，这是缺少了解的典型表现。了解对方，就能理解对方的一些行为、语言等。比如，如果你的妻子性格直爽，那么，她就是容易相处的，但也容易发脾气。如果你了解这一点，你自然会在吵架的时候让着她一点，毕竟，在平时的生活中，她还是那么活泼可爱的。

（2）别过早地下结论。比如，有一天，你和你的爱人说话，而对

方却无动于衷。遇到这种情况时,你可能会想:"他这是什么意思?不尊重我,还是对我有意见?"其实,对方很可能在专心地想一件事,或因为眼睛近视而没有注意到你而已。

另外,无论是爱情还是婚姻生活,都需要我们经营,相爱的双方能够走到一起肯定是因为对方有某些方面吸引了你,或者某些方面与自己相同。但牙齿与舌头同处一口,也有打架相咬的时候,男女双方并不是任何时候都保持高度一致的,有时甚至在人生观、价值观等方面都有可能截然不同。这时,我们就应该妙用心理策略,在沟通时多从对方的角度考虑,真正地攻心为上,把话说到对方的心坎上,才能保持爱情、婚姻生活的甜蜜。

沟通是解决一切问题的药方

我们都知道,婚姻生活中,免不了磕磕碰碰,可能有不少人在与爱人争吵时都扮演了加害者的角色,和对方说话总是生硬的,或者你的本意也许是好的,可说出来却变了味——这时一场争执往往在所难免,错误信息的传递即将引发一场家庭大战。其实,在问题出现的时候,只要你能心平气和地与对方沟通和交流,用心理策略感化对方,那么是能够免除很多矛盾的。

银行职员张先生就是个善于经营家庭生活的人。他这样陈述道:

妻子有着一般女人的爱好——逛街,而且经常是日出时出门,日落时还不进门。因为这一点,我和妻子在结婚之初闹过很多次矛盾。

记得那一年"五一"长假的第一天,她就拉着我陪她逛街。我只好硬着头皮去了,谁知道,妻子对什么都感兴趣,一会儿看看这个,一会儿看看那个,对于自己想买的东西,不仅要货比三家,还要讨价还价,我实在受不了,就催她赶紧付钱,结果妻子不高兴了。回家后,我们吵了一架。

自从那次后,只要妻子再拉我去逛街,我都千方百计地找借口推辞。时间长了,她也就不喊我了,而是找自己的姐妹。

其实,刚结婚时,我也希望能把妻子的一些习惯扳过来,希望她也能和我一样在家看看报纸,看看新闻,多学点东西,但从我被妻子"改造"的情况来看,把个人喜好和性格强加于人,无异于给别人制造痛苦,我的打算也就此"流产"。

如何协调夫妻关系呢?后来,我在翻阅历史书和看新闻时,总看到"求同存异"四个字,这四个字给了我启示:夫妻间也可以求同存异。跟妻子商量,她赞同这观点。于是,我们进一步协商,妻子好动,就让她去参与适合她的活动;我喜静,则由我去做自己喜欢的事儿,只要不违原则,即互不干预。同时,我们觉得,还必须挖掘出一些共同点,否则,两个人的话题会越来越少。于是,我们买了副网球拍,傍晚时,我们就去小区的网球场锻炼。

实践证明,我们这套相处方法还是有效的。妻子再去逛街,一般只会告知我一声,我也不用跟着去了。而我则在家中做自己喜欢的事,如上网聊天看新闻,读书看报写文章,互不干扰,各得其乐。如今我们的婚姻已过了"七年之痒",其间少有矛盾摩擦,恩爱和睦。我和妻子的性格如此不同却能和睦相处,我想应该就是"求同存异"的结果吧!

从张先生的经验之中,我们可以看出,他之所以能和妻子和睦相处,恩爱如初,就是因为他懂得和妻子沟通,最终让双方都能接受彼此的生活方式。

实际上,每对爱人之间都会产生矛盾,但无论何种矛盾,都不能凭一时情绪,与对方大吵一架,而应该调节你的情绪,主动敞开心扉与对方沟通,这才是创造和谐关系的秘诀。

那么,我们该怎样与爱人沟通呢?为此,我们需要掌握以下原则:

1. 不要带着情绪沟通

任何时候,情绪的产生都会影响到我们对事物的判断。同样,夫妻

间吵架也是如此，即使你的爱人做错了，你也应该让自己的情绪先缓和下来，等到双方都平静下来了，你再批评，效果可能会更好。

2. 多站在对方的角度思考问题，给予理解

任何思想的产生都是有一定理由的，既然你们在某些问题上有分歧，那么，为何不尝试着了解一下对方到底是怎么想的呢？如果你表示一下理解，那么在情感上就相当于给了对方一个极大的安慰，使其郁积在胸中的不良情绪得到缓解和疏通。

3. 别忘了道歉

千万别以为你没错。俗话说，一个巴掌拍不响。既然与你的爱人产生了矛盾，你就有不可推卸的责任。再说，即使你认为在事件本身上你没有错，但你伤害了爱人的感情，这就是错。为此，你必须道歉。关于道歉，你不要含糊其辞地说自己错了，而应该找到道歉的理由，不然，对方会以为你敷衍了事，那么，矛盾不但没有解决，反而升级了。

4. 找到解决的方法

当彼此沟通，问题得到澄清之后，不要搁置问题，而应该解决。既然吵过架了，沟通过了，那么，就应该坐下来冷静地想想接下来该怎么做，这才是吵架的根本目的。

爱人之间意见不统一，有了矛盾之后，必须及时地进行沟通。只有通过沟通统一了认识，化解了矛盾，才能使"梗阻"的关系通畅起来，而一味地争吵是起不到任何作用的，反倒会令感情淡薄、关系不和谐。当然，沟通有道，只有掌握了这其中的道理、技巧，才能使沟通取得良好的效果。

如何给爱情"保鲜"

自古以来，"爱情"都是人们谈论的话题，由此成就了无数个

第12章 爱恋心理策略：恋爱中的攻心策略

凄婉哀怨并且让人感动的爱情经典。那些美丽的爱情经典故事常常为我们津津乐道，但奇怪的是，我们很难发现有经典的婚姻故事。爱情总是那么轰轰烈烈，但却最终被琐碎的婚姻打败了，再伟大的爱情弹指间也会灰飞烟灭。于是乎，人们开始制造出这样一句流行语——婚姻是爱情的坟墓。步入婚姻的殿堂原本是所有爱情最好的结局，但也是所有浪漫、亲昵、海誓山盟的结局。其实，这是因为人们没有很好地处理爱情和婚姻的关系。但即便如此，人们还是乐此不疲地追逐爱情，因为爱情总能给人带来很多希望。那么，如何让爱情常驻呢？很简单，为爱情保鲜。

一个男人，事业有成。这天，是他与妻子的结婚纪念日。早上，秘书提醒他后，他给首饰店打了个电话，订了一枚最新款式的戒指，他对服务员说："请把戒指包好，天黑之前送到我家，给我妻子，我还要参加一个会议。"并让服务员帮忙写了一张卡片："亲爱的，晚上我还有一个会议，抱歉不能与你共同庆祝。"

晚上，当他开完会后，顿感疲惫，于是他独自来到天台，准备透透气，就在到达楼顶的时候，他看见一个老师傅，在天台中央点了一排蜡烛，半跪在那里，对一位白发苍苍的老婆婆说："老伴儿，今天是我们结婚三十年的纪念日，三十年以来，谢谢你对我的照顾，我们无儿无女，我希望我们还能再活三十年，彼此依靠。"简短的几句话，充满了情意，男人的眼眶湿了。是啊，两个白发苍苍的老人，尚且懂得表达爱意、保鲜爱情，自己为什么总是因工作忙忽视妻子的感受呢？

然后，他跑下楼，开动引擎，赶紧回家，当男人开车回家时，看到妻子对着一桌子的菜发呆，不禁失声哭出来。

他向妻子保证，以后每年都要带她去看看外面的世界，带她去吃最好的食物，看最美丽的风景，让她当世界上最幸福的女人。男人和他的妻子度过了一个快乐的结婚纪念日。

可是，让人久久思量的是：生活中，有多少人能和上述案例中的男主人公一样，及时悔悟保鲜爱情在婚姻中的重要性呢？

爱情就像养花，要学会精心呵护，才能开放出灿烂的爱情之花。现

代研究表明，爱情极易在男女结婚18～30个月后消失，俗称"爱情昙花症"。它严重影响了夫妻之间的感情和和睦的家庭生活。婚姻中，当那份心灵的悸动被烦琐的生活逐渐磨灭时，你意识到了吗？那么，到底怎么为爱情保鲜呢？有以下几条心理策略：

1. 经常表达对爱人的关注

你可以尝试一下，周末的早上，当你醒来以后，不要起床，静静地看着你的爱人，欣赏你的爱人，专心地陪陪他（她）。相信你的爱人一定会被这份专注感动。这是因为，表达对爱人的关注所表达的是："我尊重你，我在乎你，我欣赏你"的意念，这份用心会让对方觉得备受尊重，能满足他心中渴望被尊重的情绪需求。

2. 创造生活情趣

一年三百六十五天，每天过的都是同样的生活，不是柴米油盐，就是锅碗瓢盆，谁都会腻，谁都会烦。因此，不妨转变一下生活方式，偶尔给对方一个惊喜，在穿着、发型上变换一下，或者将卧室内的布置变换一下，都会使爱人感到新鲜。

3. 展现浓情蜜意

展现浓情蜜意是指在肢体上有接触。生活中，别忘了拉拉你爱人的手、亲亲他、拥抱一下他，可能你会认为，这也太肉麻了吧？我们早已过了热恋期。其实，这才是让爱情保鲜的重要方面。

同时，心理学研究也表明：在爱情和婚姻里，抱不抱有差别，摸不摸有关系。

爱人之所以是你的爱人，是因为与其他的人际关系有区别，很大程度也体现在关系是否亲密上，当你接触他的肢体，他在心理上也会产生变化，他能感受到你对他的爱和重视。

可见，透过碰触、拥抱和亲吻等这些肢体上的亲密动作，我们可以强烈地传递我们对爱人的爱，这是很多甜言蜜语都无法达到的效果。

4. 小别胜新婚

不要总是二十四小时和你的爱人黏在一起。小别胜新婚，你不妨趁出差给爱人一个想念你的机会；不妨偶尔和爱人分床而睡，这都会增加

你的神秘感。

　　婚姻是什么？结婚几年，你们之间是不是毫无激情，剩下的只是无休止地争吵？你可曾反省过，在几年乃至几十年的婚姻中，你用心呵护过它、为它保鲜过吗？

第13章 职场心理策略：让你左右逢源

活学活用心理策略
huoxue huoyong xinli celüe

巧用策略，赢得领导赞赏

当今职场，始终有这样一类人，他们辛勤工作，却始终"默默无闻"，似乎升职、加薪都与他们无关，这是为什么呢？其实原因很简单：他们不懂得如何施展策略，得不到领导的赏识，最终也只能"俯首甘为孺子牛"。这里，我们不妨想象一下，当你的领导思考手下有哪些得力干将之时，他会想到谁呢？如果你认为自己很有实力，但却没有出现在领导的人才名单上，那么，升迁、加薪这等好事，又怎么会轮得上你？因此，如何让领导看到你，才是你最需要做的。

小周是某大型企业的一名员工。高考失利后，他失去了继续读大学的机会，18岁的他就进了现在的这家企业。因为学历的原因，他只能从事最简单的产品装配工作，但他不甘心，于是，利用业余时间，他拿起了书本，自学了很多与该产品有关的知识，并自考了一些其他课程。

转眼，小周已经工作五年了。这家企业每五年会举办一个大型的青年知识大奖赛，参加这次比赛的多半是一些高学历的人，但小周还是报名了。他的参赛作品是关于公司生产部门的机器流程改造图。公司高层一见到这幅图，就惊呆了：一个生产流水线上的工人怎么可能制作出如此令人惊叹的图呢？于是，他们找来小周，就图纸进行了一番理论讨论，小周的说明，让在座的领导们都瞠目结舌。"我看过你的简历，你

只不过是个高中毕业生啊？怎么会……"

"是这样的……"

听完小周的叙述，众领导一致表示："单位的员工要都有你这样的学习精神，该有多好。"

很快，小周就收到通知，他被升为了技术主管，负责他所提出的这一项目的改造工程。

这个职场案例中，我们见证了一个普通员工的升迁过程。员工小周之所以会被领导赏识，在众人中脱颖而出，不仅在于他不断地学习、充实自己，还在于他选择了一个恰当的时机让领导看到了自己的努力。

身处职场，总是有些人会抱怨自己怀才不遇，一遇到可以表现的机会，就急不可耐地站出来，反而给领导留下一个爱表现的坏印象；也有一些人，他们每天抱着得过且过、混日子的工作态度，不但迷失了个人奋斗方向，而且对公司的影响也是负面的。他们总是不断地被周围的新人赶上，甚至超越，于是，他们落伍了。而最聪明的人就是在关键时刻亮相，让领导对自己刮目相看。

可见，适时地施展策略，不但不是爱出风头的负面表现，反而是职场高手的标准动作。虽然我们每个职场人都应该小心谨慎，但仅凭努力地工作还不够，必须还要聪明地工作，才能为自己的工作表现迅速增分！

那么，具体来说，我们应该如何让领导了解我们的表现呢？

1. 首先要注意自己的职业形象

一个优秀的职场人，势必会注意这些方面，比如，个人的着装、打扮、职场语言；是否遵守单位的规范制定，是否出色地完成上级布置的任务，是否迟到、早退，等等。这些不仅是个人习惯问题，从另一个方面也反映了一个人的素质和修养。

2. 做个实干家而不是幻想家

可能你觉得领导都是日理万机的，哪有那么多闲暇时间观察下属的一举一动？但你要明白，领导毕竟是领导，对于你的努力，他会随时记在心里。因此，职场生涯中，不要害怕你的成绩没有人看见，不要觉得

自己怀才不遇，你不妨从现在开始，做好每个细节上的工作，比如，帮你的同事做点力所能及的小事、与办公室的同事们搞好关系、不在公共场合讨论公司的八卦新闻、不提及领导的某个错误决策等。请记住：领导需要的是实干家而不是幻想家。只有脚踏实地，做好任何一个细节工作，才能真正得到领导的赞赏。

3. 要敬业

这里有三方面的技巧要注意：

（1）工作中，要表现出自己对工作的敬业、毅力、恒心等。

（2）有效率地工作。努力工作的敬业精神值得提倡，但必须注意效率、注意工作方法，否则就是事倍功半。

（3）会表现，让领导看到你的努力。敬业也要能干会"道"，不必做那种吃力不讨好的事。

4. 不忘专职工作

你需要记住的是：任何一家公司和企业请人做事，看上的都是他的专业能力、解决问题或者办事的能力。而我们不能否认的是，有些职场人士似乎没有认识到这一点。他们本末倒置，为了巴结领导，他们24小时跟在领导的身后，为领导处理各种繁杂的事物，却忘了自己的本职工作。最后，在评比业绩的时候，被其他同事远远地甩在了身后，同时，还遭到了领导的批评。

因此，在工作中，你始终要记住的是：工作做得好坏，才是领导评价你的最关键因素。除了做好本职工作外，你还需要记住提升自己的专业素质。如果你能不断进步，那么，领导自然会器重你，你的价值才会真正地体现出来。

总之，随着竞争的日益激烈，职场中处理好人际关系已经越来越重要。而与领导关系的处理显得尤为重要。因此，你一定要学会让领导看到、认识并欣赏，你的职场之路才会越走越平坦！

博得信任，做领导的助手

现代企业，越来越重视员工的忠诚度。日本索尼公司有这样一句话："如果想进入公司，请拿出你的忠诚来。"这是每一个要进入日本索尼公司的应聘者常听到的一句话。索尼公司认为：一个不忠于公司的人，再有能力，也不能被录用，因为他可能比能力平庸者为公司带来更大的破坏。

同样，领导也一样，领导和上级都希望自己的下属能忠心耿耿。而事实上，任何人均不能容忍或原谅别人对其不忠诚，尤以上司为甚。试想一个上司或老板怎会对此类下属有好印象并乐于重用呢？因此，即使你的学识再高、工作能力再强，如果你不能表现出你对领导的忠心，则很难获得他的重用与提拔。所以，身处职场，作为下属，我们在与领导打交道的时候，一定要学会让领导感受到我们的忠心。

张坤是一公司的部门经理。一次，他和公司王总与肖副总等驱车出差，不小心和一外地车辆相撞，无人员伤亡。对方一行3辆车，共8人。事故发生后，对方仗势欺人，想要过来打架，王总作为领导主动去沟通，希望好好协商。但是，对方根本就不理，几个人上来就把王总打翻在地，肖副总、马副总已经不敢言语了，此时张坤毫不犹豫地挺身而出，不惧被打的危险，勇敢地上前大声说："请你们理智一点好不好，车祸是谁都不愿意遇到的，既然发生了，就要解决问题，何况没有伤亡就是最大的庆幸，如果打架能够解决问题，就请你们打我好了，别打他！"张坤摆出了一副大义凛然的架势。对方被张坤的勇敢、理智所折服，都心平气和了，找来交警处理，也向王总真诚地道了歉。从此，张坤成为王总最信任的人。

上述案例中的这位部门经理张坤，与公司高层领导患难与共，救他们于危险中，自然得到了领导的信任和重用。往往危险的时候，才是检验友谊、情感和忠心的时候。作为下属，我们也应该学会找准

时机,在诸如此类的关键时刻挺身而出,便能很快地成为领导的"心腹"。

有人说,每个领导的眼睛都是雪亮的。此话不假,也许他早已经看到你,认为你是个值得培养的人才;也许他正在寻找机会考验你;也许他正考虑为你安排一个重大的任务;也许他正准备给你一个培训和学习的机会,为你的职业生涯发展提供条件。但实际上,很多领导日理万机,不可能对每个员工的动态都能作出准确的判断。这就更需要我们学会表现。善用策略便能帮助你达到这一目的,那么,具体来说,我们应该怎么做呢?

1. 不找借口,立即执行领导的命令

当我们接到领导的命令后,要立即执行并全力以赴。当工作出现问题时,一定要耐心地接受领导的冗长说教甚至批评,并尽量站在领导的角度去考量。

2. 真诚表达

诚心是一种真心待人、忠于人、勤于事的奉献情操,它是发自内心的而不是装出来的。与领导说话,同样应该"诚"字当前,做到不虚伪、不做作、诚恳自然。

3. 善于服从

下级服从领导本来就是天经地义的事情。这是一种个人职业素养的体现,更体现了我们对同事、领导的尊重,对单位和企业的认可,而更为重要的是,这是敬业精神的一种体现。

这里的善于服从,指的是:

(1)随时听候领导差遣,鞍前马后。

(2)努力完成好领导布置的每一项任务。

(3)主动争取领导的安排。要知道,很多领导并不希望自己的下属是一个只会执行不会思考的机器人。

(4)主动请缨。当领导交代的任务确实有难度,其他同事畏手畏脚,而自己有一定把握时,应该勇于出来承担,以此显示你的胆略、勇气和能力。

（5）工作要有独立性。领导每天要处理很多事务，因此，每个领导都希望自己的下属能为自己排忧解难，帮自己处理一些工作中的难题。作为下属，只有学会独立地处理问题，才能独当一面，才能为领导排忧解难。

（6）要多多请示。聪明的下属，绝对不会自作主张，如果你什么都能做主，那么，还需要领导做什么呢？但也不要事事都请示领导。聪明的下属，绝对懂得在关键时候请示，征求领导的意见和看法，把你的意志融入正专注的事情，这不仅能表现你的虚心，还是避免工作失误、赢得领导好感的重要方法。

4. 找准机会，表现我们的忠诚度

所谓"疾风知劲草，板荡识诚臣""患难见真情"，逆境就是表现我们忠诚的最好时机。这里的逆境，可以是公司经营困境之时，可以是领导落难之际。此时，若你能坚守岗位全力为领导分劳解忧，丝毫无逃退的意思或帮助对手打击领导，则在一切恢复本来面貌时，只要领导仍在位，就会对你感激并给予回报，即使领导将来另立门户也会视你为左右手而提拔你。

身在职场，如果你想赢取领导尤其是老板的钟爱或信任与重用，让他视你为得力助手，就需要表达自己的诚心，这样，你将获得莫大的助益，从而在职场上一帆风顺、扶摇直上。

谦逊让你更受欢迎

中国人素来以谦逊闻名。谦逊是一种智慧，是为人处世的黄金法则。懂得谦逊的人，必将得到人们的尊重，必将被人们认同和喜爱，受到世人的敬仰。谦逊能够克服骄矜之态，能够营造良好的人际关系。同样，身处职场，无论是和领导还是和同事相处，只有拥有谦逊的态度，

活学活用心理策略

才能获得他人的支持，才能帮我们赢得职场中的位置。

两年前，李雯还是个刚毕业的大学生。和很多毕业生一样，她也投入了销售工作中。李雯清晰地记得，销售主管，也就是她的直属上司，是个干净利落的、三十几岁的男士。他永远穿着干净的衬衫、笔挺的西装，头发梳得一丝不乱，气宇轩昂地出现在众人面前。

那时候，公司业绩不是很好，所有的员工都需要加班，甚至要加班到深夜，结束时员工们个个蓬头垢面、睡眼迷离，唯独上司的西装还是笔挺笔挺的，头发仍然整整齐齐，眼神依旧那样坚定而有神。

有一次，李雯和上司一起上门推销，连续走访了二十多家都吃了"闭门羹"。李雯此时的情绪已低落到了极点，她真想对上司说放弃算了，或者下次再来。但上司似乎毫无疲态，从那挺直的身型中，竟看不出一丝失意的迹象，他坚持要继续走访。上司要李雯去洗手间整理一下被风吹乱的发型，并微笑着告诉她不要灰心。结果一天下来，他们竟成功地签下了六份订单。

对于上司的不放弃，李雯不禁好奇："是什么让您这么坚持？"

"让我坚持下去的只有一个信念，那就是，成功就在下一秒，如果我们放弃了，就等于失败；而坚持一下，则有成功的希望。"

"我知道了，以后我要像您一样，凡事坚决不放弃！"

这是李雯与上司最深入的一次交谈，从那以后，李雯不管遇到什么挫折都努力坚持，同时效仿上司，特别注意自己的仪表并把心态调整到最佳状态，不管走到哪里，遇到什么困境，都保持整齐端庄，并始终以微笑的姿态出现在客户的面前。自从这次谈话后，上司似乎也觉得李雯改变了不少，很快，便提拔了李雯。

现在的李雯已经是一家国际知名大企业的销售经理了。她回忆起原来的上司时常说，上司教会了她很多东西，让她知道了锲而不舍的重要性，同时也让她明白了，在人生中，即使是失败，也必须保持美好的姿态。

这里，我们看到了一个优秀能干的上司对下属所产生的巨大影响，也看到了一个员工和上司之间关系微妙的变化。对上司的请教，

让上司看到了李雯身上的优点。可见，身处职场，我们应该保持谦逊的态度，经常去发掘上司身上的各种优点，努力向他们学习，向他们请教，这样，不仅可以把这些优点变成自己的优点，还能获得上司的认同。

当然，除了和上司交往之外，对待同事，我们也要谦逊低调。这一点，对于新入职场的人来说，尤其重要。刚进入公司，就是自我成长并努力学习的阶段。所谓"近水楼台先得月"，你绝不要放过向身边的领导、前辈学习待人接物以及工作技巧的机会。如果你能够经常以积极、谦虚的态度来请教对方，他必然乐于慷慨相助。

具体来说，我们需要做到以下几点：

1. 多倾听

领导、前辈向我们传达经验的时候，我们尽量不要打断对方说话，思维要紧紧跟着他的思路走，要用脑而不是用耳听。

2. 主动请教

你主动沟通，也体现了你积极上进的工作和学习态度。一般情况下，对方都乐于向你传授经验和教训。

3. 多看到自己的不足，而不是别人的缺点

即使再差的人也有自己的优点；即使再优秀的人也有自己的缺点。与我们相处的同事和领导难免也存在一些缺点。职场人士所处的职场风云变幻，同事相处要"以和为贵"，因此，不要私下或者公开场合对同事的某些缺点发表言论。另外，我们要以人为镜，多看到自己的不足，这样，才能对症下药，不断完善。

4. 意见不一时，委婉指出

职场中，总有一些得理不饶人的人，他们一旦占据有利的地位，就不留丝毫回旋的余地，结果遭人怨恨。其实，当彼此意见不一致时，不妨采取一些委婉的方式，来表达自己的观点。如果对方仍然坚持自己的观点，大可一笑了之。当然，言语委婉并不容易做到，不仅需要你懂得如何运用语言，比如，语气、词汇、句式等；还需要你做到思维敏捷，根据具体的语言环境运用不同的语言。总的来说，把话说得好听一点、

委婉一点，往往比直言快语更能起到效果。

5. 韬光养晦，低调谦虚

职场相处中，同事若发现你的优点，向你表示钦佩的时候，千万要记得说声"谢谢"。然后真诚地告诉你的同事"其实这个没什么，你也可以的"。简单的一声"谢谢"会令你的同事感觉你"真有涵养"。

6. 即使完成任务，也不可居功自傲

有位年轻的下属这样回复领导的表扬："这不是我一个人的功劳，当初我之所以有勇气承接设计任务，就是因为我想到，如果接受任务，领导一定会给我指导，同事也会帮我出主意，有了这样稳定的大后方，我就不再犹豫了。在设计的这3个月里，的确如此，主任和其他同事给了我最大的支持，没有他们，图纸就不会设计得这么理想。"

总之，身处职场，无论是做人还是做事，都有很多值得我们学习的地方。在做事上要力求做到有力度、有魄力、当仁不让；而在做人上，要学会谦虚、低调、团结同事。这样做，不仅赢得了领导的信任、器重，更团结了同事，为日后的发展奠定了更坚实的基础。

如何轻松化解尴尬

现代职场，一个人的职场人气如何，直接关系到他和职场命运，那些会说话、懂得打破沉默、活跃办公室气氛的人往往更能赢得同事的好感，职场人气自然也高。而这些聪明的职场人一般都会善于借用这一策略，化解同事间的尴尬，这样会使办公室的氛围和谐，同事感到工作轻松，人际关系和睦，工作也有干劲。我们先来看下面这个故事：

一位年轻的厂长在上任不久，就遭到了很多老员工的不满，其中，就有一个女职工因为医药费的事在年初的职工大会上质问他，她认为给自己报销的医药费实在太少。

她厉声问道："请问新厂长，去年一年，我们厂子里为员工到底花了多少钱？"

这位年轻的厂长根据自己的了解说："几十万元。"

"晕死。"女职工说了一句口头禅。

在场的很多职工都为女职工这样质问感到诧异，但年轻的厂长却很镇定，然后解下了自己的手表和领带，放在桌上说："在你晕倒之前，请接受这笔投资。"

于是在场的大多数职工都会心地笑起来。

这位厂长的自嘲让这位女员工明白，企业很重视职工的需要，他本人也确实关心。如果有必要的话，他可以牺牲自己，但厂里资金有限也是事实。当对方理解后，所有的抱怨也就消失了，可见，一句幽默的戏剧性话语和一个幽默的戏剧性行为，其效果远远超过了长篇大论的反驳和纠正。

的确，我们每个人自从出生起，就生活在一定的集体中，学生时的班集体到工作时的团队，我们不可能不与人打交道。工作中，与同事打交道，难免也会发生一些碰撞。如果我们不克制自己的脾气，而是逞一时口舌之快，伤了和气，那么，日后大家一起共事，难免心有隔阂，这对于完成同一工作目标是毫无益处的！其实，遇到这种情况，我们不妨采取心理策略，善于借用语言的外衣，能帮助我们轻松化解人际间的各种矛盾，创建和谐的人际关系。

现实生活中，很多人出于好意，想帮同事化解尴尬，但却不懂得技巧，反而让对方下不来台，导致彼此间的关系恶化。

身处职场，要想化解同事间的尴尬，我们不仅要学会说话，最重要的还是要了解当事人的心理，学会解读现场气氛，巧妙地运用策略，否则，很有可能造成越帮越忙的结果。

具体说来，我们需要做到以下几点：

活学活用心理策略

1. 顺力借力，运用幽默

这样的台阶，双方最愿意接受。幽默会使你减少敌对者，减少尴尬的场面，增进彼此的友谊，产生不可估量的作用。但要做到幽默圆场，自身是需要一定的修养和应变能力的。

某女作家写作太累，在开会时不小心睡着了，没想到，她居然鼾声大起，引起与会人员笑场，她醒来发觉同事们在笑自己，觉得有点不好意思，但这时，她旁边的一位女士说："身为一个女人，你居然能打出这么有水平的'呼噜'！"

她知道这位女士是在帮自己解围，于是，她立即接茬说："这可是我的祖传秘方，高水平的还没有发挥。"大家听后一笑了之。

工作中，当我们的同事遇到尴尬的场景时，你不要抓住别人的把柄不放，不妨也给人一个台阶，就和那位女士一样，当作家出丑的时候，帮其化解危机，赢得作家的好感。中国人尤其好面子，会说话的人在说服别人的时候，懂得给人留面子，在必要的时刻给对方一个台阶下，免得别人下不来台。

2. 学会自嘲，把错误归结到自己身上

毕竟，每个人都有强烈的自尊心和虚荣心，都会注意自己社交形象的塑造，没有人愿意自己的失误当着众人的面被指出来，而事实上，人们心知肚明。你这样做，不仅能赢得当事人的感激，还能让大家觉得你是个善解人意的人。

3. 转移话题，避其锋芒

当对方尴尬的时候，如果延续得越长，那么，对方就越尴尬。此时，如果你能巧妙地圆场，将话题转移到其他问题上，让对方顺势而下，也不失为一个好办法。

当然，以上只是简单的几个技巧，如何化解同事间的尴尬，还需要我们摸索，别好心办坏事。你为同事提供台阶，使他保住了面子、维护了自尊，同事会对你更感激，产生更强烈的好感。这也就是人们常说的"予人玫瑰，手有余香"。

推功揽过，让你赢得好人缘

身在职场，拥有良好的人际关系是我们事业成功的重要保证，而要做到这点，首先就要学会与同事搞好关系。俗话说："有福同享，有难同当。"当你在工作或者事业上小有成就的时候，应当为自己高兴，因为你获得了荣耀，这是对你的工作能力最大的肯定，但千万不能为此得意忘形，更不可独享荣耀。因为这是一个强调集体荣誉的社会，明里暗里你都不能违背了大多数人应遵循的法则。特别是如果你的成绩是大家共同努力的结果，那么，千万别好大喜功，把所有的功劳都揽在自己的头上，你这样做无异于与众人树敌。而假设功劳确实是你取得的，那么，当他人恭贺你时，你也应该谦逊谨慎一点，千万别高兴得过了头，因为你获得成绩的同时，必然有人为此黯然神伤，你高兴得太过，对方能不嫉妒吗？

另外，对于有难同当，它的意思是，面对过错，我们不要把责任推给同事，而应该多担当，这样，无论过错在谁，我们都赢取了同事的信任。

所以，面对工作，最明智的做法是，把功劳分给别人，推功揽过，这是职场交际应酬中拉拢人心的明智之举。

其实，真正的功劳属于谁，领导会尽收眼底，也会给予公正的评判。

一天夜里，当人们都睡得沉沉的时候，鞋柜里这些可爱的鞋子们还在窃窃私语。

这时，甜美优雅的凉鞋伸长了脖子，生气地对它的同伴们说："哼！在这里，我应该是老大，你们看，整个夏天，主人只要一穿上我，就变得性感起来，不知道赢得多少回头率呢！再说，夏天，若是没有我，恐怕主人要热死了哟。"

拖鞋一听，当然很不服气，马上辩解道："哼！你有什么了不

起,每天只会在外面招摇过市,每次都脏兮兮地回来。主人一回来,就恨不得立即脱掉你,马上换上我。主人在家里穿着我,不知道多舒服呢!"

听完了凉鞋和拖鞋的争吵后,冬天里的毛毛鞋按捺不住了,它赶紧说:"你们不用争辩了,其实,我的实用能力最强。一到冬天,主人都舍不得脱掉我,我多暖和,因此,还是我功劳最大!"

鞋柜老人也被吵醒了,它揉了揉惺忪的睡眼,和蔼地对大家说:"你们都别吵了,其实你们每个人都为主人带来了很多便捷,但同时,你们看到自己的不足了吗?比如说,毛毛鞋很暖和,但却沾不得水;凉鞋很优雅,但冬天能穿吗?关于拖鞋,你见过主人在公共场合穿着你吗?所以呀,我们不能歧视别人的短处,要多学习别人的长处来修补自己的短处,这才是聪明的做法。"

鞋子们听了鞋柜老人的话,都不由自主地低下头,不说话了。

正如鞋柜老人所说的,每个人都发挥着自己的作用,都有自己的长处和短处,我们应该做的是谦逊待人,完善自己,而不是争功推过,这一点在职场交际应酬中也是同样的道理。领导之所以为领导,是因为他有着敏锐的洞察力,对于谦卑的员工,他会更加器重,因为谦卑是一种工作乃至做人的良好态度。而最重要的是,如果我们能做到把功劳留给同事,把过错留给自己,同事一定会被我们的良苦用心打动,进而成为我们事业上的好伙伴。

职场中,就有这样一些聪明的人,他们在作汇报的时候,将功劳和业绩都归于上级的英明领导,或者归于同事的大力帮助。他们抓住的恰恰就是人类对于虚荣的心理需求,把功劳推给上司或者同事,并不意味着你就没有功劳了,大家对事实心知肚明。他们一般不会真的抢你的功劳。相反,他们会对你的为人处世风格非常赞赏。如此看来,"推功揽过"实在是有百利而无一害。

当功劳和过错同时出现的时候,我们应该做到以下几点:

1. 面对功劳,我们要懂得感谢和谦逊

(1)感谢他人的协助,不要认为这都是自己的功劳。如果同事的

协助有限，上司也没怎么出力，你的感谢也很必要，因为这体现了你谦虚的态度。这其中包括：把感谢的话说到位。比如，感谢同仁的协助，说自己只是个代表，功劳不只属于自己一个人。口头上的感谢也是一种分享，而且你还可以扩大这种分享的对象，反正礼多人不怪，当然别人并不是非得分你一杯羹，但是你主动与人分享，这让旁人感到被尊重。如果荣耀是众人协助完成的，你可以采取多种方式与人分享，如请大家看一场不错的电影，或者请大家吃一顿饭。别人分享了你的荣耀，心理上获得平衡，也就不会为难你了。

（2）我们需要谦卑的态度。人往往有了荣耀，就会自我膨胀，忘了"我是谁"。你的同事就会区别看你，要忍受你的骄傲和嚣张，但过不了多久，他们就会在工作上故意抵制你、刁难你。因此，即使你取得了一定的成绩，也不可太过招摇，而是要谦卑，别人看到了你的谦卑，就不忍心找你的麻烦，和你作对了。

2. 面对过错，不要退缩，要勇于承担

在过错面前，很多人选择逃避或把责任推给同事，这样做，表面上看我们似乎免除了责罚，但实际上，却是因小失大，因为我们失去了同事的支持。聪明的做法是勇敢地站出来，如果过错在同事，他一定会感激你；若过错在你，他也会佩服你的勇气。

总之，在功劳和过错面前，聪明人能够借此机会，打动同事，拉近与同事之间的距离，赢得尊重，获得好口碑。职场如战场，不战而屈人之兵是上上之策。好的人际关系指引我们攀登职场辉煌的高峰，获得更大的成功和更多的荣耀！

管理者的策略，提升领导气质

身处职场，对于一个管理者来说，只有具备领导气质，才能让下属

真正信服，才能管理好一个团队乃至一个公司。然而，现实生活中，一些领导者常感叹自己没有领导威信。其实，如果你能掌握一些技巧，让自己变得强势一点，让自己具有权威和说服力，那么，你的管理工作就会势在必得。

英国前首相撒切尔夫人具有令世人称道的仪表和风度。她是20世纪后期世界上最具魅力的政治人物之一。而她引人入胜的演讲风格，更为她树立了很高的威信。她在上任后的第一次讲话中这样说道：

我是继伟人之后担任保守党领袖的。这使我觉得自己很渺小。在我之前的领袖，都是赫赫有名的伟人。例如，我们的领袖温斯顿·丘吉尔把英国的名字推上了自由世界历史的顶峰；安东尼·伊登为我们确立了可以建立起极大财富和民主的目标；哈罗德·麦克米伦使很多凌云壮志变成了每个公民伸手可及的现实；亚历克·道格拉斯·霍姆赢得了我们大家的爱戴和敬佩；爱德华·希思成功地为我们赢得了1970年大选的胜利，并于1973年英明地使我们加入了欧洲经济共同体。

在这段讲话中，撒切尔夫人列举了现代史上英国历任首相的功绩，以此来表明自己的任重道远和豪情壮志。1979年撒切尔夫人在大选中获胜，成为英国第一任女首相。职场中，无论你是否处于领导者的位置，在某些场合，你都必须让自己的语言变得强势起来，才能让他人信服于你。

当然，管理者的策略并不仅仅指说话的技巧，还需要我们了解一些为人处世的技巧，具体来说，有以下几点：

1. 与下属保持一定的距离

管理工作中，任何一个领导，都避免不了要与员工、下属或上级沟通。对于这一点，很多领导者认为，多沟通、保持亲密的距离，自然会拉近双方的心理距离，这必当有利于管理工作的开展。而事实上并非如此。试想，一个原本被下属敬重的领导，因为和下属打得火热，而使得自己的一些缺点暴露无遗，结果失去了一个领导者应有的权威，让下属在无形中改变了对他的印象，甚至让下属觉得领导令人失望、讨厌。另

外，和下属走得太近，也容易将工作和生活混为一谈，丧失原则，在工作中出现失误。因此，企业管理心理学专家经研究认为：企业领导要搞好工作，应该与下属保持亲密关系，但这是"亲密有间"的关系。雾里看花，水中望月，往往给人以"距离美"。

在戴高乐担任总统的十余年内，他作出了这样的规定：在他身边工作的所有人员，包括秘书、参谋、顾问等，他们的工作年限最长不能超过两年。

曾经，对于新上任不久的办公厅主任，他毫不客气地说："我只会聘用你两年，在我这里，参谋部的人不能以自己的工作为职业，同样，你也不能把你现在的身份——也就是办公厅主任当成一种职业。"

为什么戴高乐会有这样的决定呢？原因有二：第一，他认为，对于工作而言，调动是正常的，不调动才是不正常的。只有经常调动工作，才会学到不同的知识，才会进步；第二，他不想看到这样一个局面，那就是那些工作在他身边的人变成离不开他的人。

这里，我们发现，戴高乐是个很会靠自己的思维和决断而生存的领袖，我们也发现他之所以作出这样的决定，就是因为他能看到和下属保持距离的好处。若领导决策过分依赖秘书或其他人，容易使智囊人员干政，进而使这些人假借领导名义，谋一己之私利，最后拉领导干部下水，后果是很危险的。可见，戴高乐的做法是令人深思和敬佩的。

2. 赏罚分明

诸葛亮是三国时期杰出的军事家，在管理部下这方面，他一向赏罚分明。曾经，李严、廖立因为以私废公、放肆专权，被诸葛亮以严刑惩治；而令人敬佩、廉洁自律的蒋琬等人，他则大加褒扬，一再提拔。正因为他做到了赏罚分明，所以整个蜀军士气十分旺盛，战斗力也相当强。

其实，现代企业中的领导也需要效仿古人的治军策略，只有做到赏罚分明，才能在下属中真正树立起威信。

的确，现代企业中，任何组织、任何部门，为了调动员工的积极性，规范员工的行为，必须同时制定奖励和惩罚条例，并保证严格实

行，不得轻视或取消任何一方。而建立企业标准化管理体系和绩效考核机制无疑是最好的途径。

也就是说，每份文件在赏罚问题上都要做到细致化。关于具体的工作任务，应该规定如何做，做好了如何奖励，做不好如何惩罚，只有将规定做到条理化、细致化，才能实现公平、公正，员工的积极性才会提高。因为从员工的角度来看，如果你希望多奖少罚，就必须努力工作，把业绩提上去。当然，在实行前期，员工和老板都会持观望态度，但实行两三个月后，在员工尝到了甜头、老板看到了效益的情况下，他们便会相信此举的功效。

3. 多关心下属，实施温情管理

领导需要关心员工的方面实在太多，无论是工作还是生活，无论是员工的现状还是发展，无论是员工自己还是他们的家属。比如，当员工家中有事，你可以出面帮忙；当员工出差，你要考虑帮助其安排好家属的生活；当员工遭遇了不幸，你一定要第一时间出现，帮助他渡过难关，甚至还要发动大家给予帮助，解除员工的后顾之忧。

总之，作为一个领导者，应该学会攻下属的心，在说话、做事时体现领导风范，同时，不忘与下属拉近关系，真正做到有高度、有深度，才能使下属信服你！

第14章 谈判心理策略：谈判就是一场攻心战

先抑后扬，掌握主动权

生活中，可能很多恋爱高手都会使用这一招：想要抓住你，又故意装出一副不理睬的样子，这样更加吸引了你的注意力，他使用的就是心理学上的"欲擒故纵"术。欲擒故纵中的"擒"和"纵"，是一对矛盾。军事上，"擒"，是目的，"纵"，是方法。古人有"穷寇莫追"的说法。实际上，不是不追，而是看怎样去追。把敌人逼急了，他只得集中全力，拼命反扑。不如暂时放松一步，使敌人丧失警惕，斗志松懈，然后再伺机而动，歼灭敌人。

诸葛亮七擒孟获，也是军事史上一个"欲擒故纵"的绝妙战例。

在诸葛亮的帮助下，刘备经过千辛万苦，终于建立了蜀汉政权，随后，他们定下北伐大计。但在北伐之前，西南夷酋长孟获却率十万大军侵犯蜀国。为了解决北伐的后顾之忧，诸葛亮认为必先解决这一问题。

于是，诸葛亮决定亲自带兵。蜀军事先已埋伏在泸水一带，然后采取诱敌深入的方法，对孟获所带军队来个"瓮中捉鳖"，而孟获也被诸葛亮生擒。

在擒住孟获以后，蜀军军心大振，他们对北伐充满了信心。但就在这种情况下，诸葛亮却采取了一个令大家很震惊的举措：他竟然将孟获放了。原来，诸葛亮是这样考虑的：孟获虽然已被擒，但他在西南夷中的威望很高，如果能让他心悦诚服地投降，那么，就能使整个南方都稳定下来，否则，南方还会不断地出现侵扰。后方难以安定，又怎能安心北伐呢？

孟获被放之后，表示下次一定能击败蜀军，诸葛亮笑而不答。孟获回营之后，抢走了所有船只，并霸占泸水南岸，为的就是阻止蜀军过河，但他没有料到的是，诸葛亮的军队却从河流下游悄悄渡河，并袭击了孟获的粮仓。孟获暴怒，就拿将士出气，这些将士心中也是一肚子火，就一起相邀投降，并顺便将孟获擒住，交由诸葛亮。

此时的孟获还是不服，诸葛亮见状，便再次将他放了。此后，孟获为了同诸葛亮一较高下，使了很多计谋，但都被诸葛亮识破，四次被擒，四次被释放。

最后一次，诸葛亮火烧孟获的藤甲兵，第七次生擒孟获。终于让孟获心悦诚服，他真诚地感谢诸葛亮七次不杀之恩，誓不再反。

从此，蜀国西南安定，诸葛亮才得以举兵北伐。

欲擒故纵，这就是诸葛亮七擒孟获使用的方法。表面上看，这样做是与原本目的相反的，但实际上却达到了更为积极的效果。我们常说的"欲将取之，必先予之"也有这层意思。

这一心理操纵术同样可以运用到谈判中。的确，每一个谈判者，尤其是那些优秀的谈判者，大都有自己谈判的基本态度和谈判特点。这种态度和特点在谈判者面对谈判局势时，会有意或无意地支配他的行为。但无一例外，谨慎提防都是他们的共同谈判态度。而这也成了很多领导干部谈判时头疼的问题：似乎不管你如何引导对手，对方似乎就不妥协。其实，既然如此，何不唱唱反调，欲擒故纵呢？欲擒故纵策略即对于志在必得的交易谈判，故意采取各种措施，让对方感到你是一副满不在乎的态度，从而压制对方开价的胃口，确保己方在预想条件下成交的做法。

任何一个领导者都知道，要想成功谈判，就要让对方接受我们的想法和意见，从而影响对方，探清对方的内心世界。但事实上，人们出于自我保护的目的，内心世界往往是隐蔽的，对谈判对手也都相当谨慎小心。此时，你可以从反方向入手，欲擒故纵，有时候会让你在谈判中豁然开朗。

但领导者在采用这一策略时要注意以下几个方面：

1. 立点在"纵"

因此，"纵"时应积极地"纵"，即在"纵"中激起对手的成交欲望。

"纵"的手法是：一方面表现你的不在乎，成不成交利益关系不大；另一方面要尽可能照顾对方的利益，处处为其着想，让其不愿意被"纵"。

使用欲擒故纵策略最关键的就是，务必要使人相信那些刻意为之的假象。所以，为了使这些信息看起来更真实，你最好不要亲自传达，而要借用第三者之口发布。

另外，在态度上，你最好不要表现得太过热情，要尽量做到不紧不慢、不冷不热，越是表现得不在乎，你"纵"的动机就越真实。

2. 在冷漠之中有意给对方制造机会

我们最好在对方等待、努力之后，再给机会与条件，让其感到珍贵。比如，当对方迫切地想知道你的态度时，你可以绕开对方的提问，将交谈中心转移到另一个更为轻松的话题上。当对方已经表现得很着急时，你不妨说"这个问题可以缓一缓"或是"这是下一步我们要谈的问题"。

但是，对于对方想知道的，我们也不能"一棍子打死"，不给他知道的机会，而应该晚一点说，吊吊对方的胃口，一来对方可以充分同我们配合；二来，对方也会更加主动一点。因为他只知道会有利益，但却不知道会有多大的利益，此时，他一般都会对你唯命是从。

3. 注意言谈与分寸

即讲话要掌握火候，"纵"时的用语应注意尊重对方，切不可羞辱对方。否则，会转移谈判焦点，使"纵"失控。

当然，谈判中，我们在运用这一策略的时候，一定要注意：要了解对方的性格，如果对方是个急性子并大大咧咧的，你可以对其"愚弄"一番；而如果对方心思细腻，你就要慎用这一方法，以免因小失大，失去谈判的机会！

让对方先开口

在这个商业社会,谈判无处不在。谈判,打的就是一场心理战。等到真正的谈判开始,就进入心理角力战,临场反应很重要,我们要想顺利达成自己的目标,就得掌握复杂的人性心理,并通过语言成功操纵对方的心理。如果我们能在说话前先倾听,找到对方的真实需求,那么,对方便会自发地认同我们。

刘华在一家大型图书卖场工作,她很热爱她的工作,不仅因为她闲暇时可以看各种图书,还因为她会为很多读者推荐适合他们的书籍。

有一天,卖场来了一位30岁左右的男人,他停留在一堆心理学书籍旁。这时候刘华走过去打招呼:"你好,先生,您是要购买关于心理学的书啊?"

客户回答说:"我随便看看。"刘华知道客户不愿意跟自己说话,于是,她站在一旁,并没有多说什么。这位先生又在心理学书籍书架上翻阅了很久,不确定究竟买哪一本好。此时,刘华觉得时机已经成熟,于是,她再次走过去,对那位先生说:"先生,请问你想购买什么样的书呢?"

客户:"我想买一些心理学的书看看,但是我不知道该买哪一本好。"

刘华:"是啊,现在的心理学书太多了,不知道您购买心理学书籍是出于爱好,还是其他原因呢?"

客户:"其实,我购买心理学书籍有很多因素,我本来就比较喜欢这类书籍,以前读书的时候错过了很多好书,现在想买几本这方面的书看。另外,我现在的工作也需要掌握相关的心理学基础知识,但其实我对心理学知识却一窍不通。"

刘华:"要是这样的话,我建议你买一些心理学基础知识,先了解一下,这本《心理学基础》就很不错。等你了解了基础再买别的吧,因

为心理学非常"难看",如果没有一定的基础根本看不懂,还会给自己造成心理压力。"

最终,客户选了一本《心理学基础》,高兴地离开了。

我们发现,上述案例中的图书销售员刘华是个善于把握客户心理、找出客户真实需求的人。在客户刚刚光临的时候,她被客户拒绝后,并没有继续"纠缠"客户,而是等客户真正需要帮助的时候再"出现"。在得到客户肯定的回答后,她开始一边倾听,一边引导客户继续说,进而让客户主动说出自己的购买意愿,从而很好地帮助顾客作了决定,完成了销售。

在谈判过程中,我们也应该做到这一点,只有先倾听,找到对方的需求所在,才能达成最终协议。

那么,具体来说,我们应该如何从倾听中挖掘出对方所需,进而找到沟通的契机呢?

1. 集中精力,专心倾听

这是达到良好沟通效果的基础。当然,要做到这一点,你应该做好充分的准备,这不仅包括身体上的,还包括心理上的,在交谈中若无精打采、情绪消极就会使得倾听收效甚微。

2. 不随意打断对方的谈话

任何人都不希望自己说话兴头正高的时候被人打断,一旦阻碍对方说话的积极性,那么,沟通可能就会陷入"瘫痪"状态,无论你说什么,对方也很难听进去了。

3. 注意对方的反馈。

对方的反馈是指对方作出的、可以识别的反应,比如,对方做出的某些动作,"摇一下头""皱一下眉"或是想要说些什么,这些对我们来说,都是对方发出的信号。

通过自己敏锐的观察和感觉,你可以调整自己的语速或者话题。如果你没能注意到这些信号,或是未作出反应,意味着这是一次错误的或者不完全的沟通。

4. 以提问的方式回应对方

变换使用开放式提问：让对方可以自由地用自己的语言来回答和解释的提问形式。简单的"是"或者"不是"就回答了大多数的封闭式提问，是一种很好的获取对方反馈的方法。

5. 倾听对方的谈话

在倾听完对方的谈话后，我们要加以反馈，向对方阐明你是如何理解他的意图的。你可以使用这些话语："我刚才听你说……""我理解你主要关心的是……"或者"……我说得对吗？"

另外，我们发现，一些谈判经验丰富的老手们，还善于利用非语言反馈。比如，他们甚至利用一个小小的眼神，就能起到鼓励对方继续诉说的作用。

虽然大多数人认为谈判者应拥有一张三寸不烂之舌，但却忽视了他们更应是一名最佳的听众。如果我们不善于倾听，就容易造成误解，更为严重的是，会无法把握对方的真实需求，而与对方的真实意图背道而驰！

当然，除了倾听与询问等方式外，我们在与对方沟通之前还可以花费一定的时间和精力对对方的具体情况进行了解，这样在沟通时才能有的放矢。

先发制人不招后患

任何一个经历过谈判的领导者都深知主导权对于谈判成功的重要性，从某种意义上说，谈判过程中双方争夺的也就是主导权。因此，为了避免谈判时出现"后患"，我们应该在谈判前就把"丑话说在前"。然而，现实谈判中，并不是所有人都认识到了这一点，他们在谈判中很容易处于劣势，处处显得很被动，其节奏也往往被对手所控制，最后频

频让步以突破底线的条件导致谈判破裂,达不成交易。我们先来看下面这样一个故事:

一天,某手机大卖场来了一位年轻时尚的小姐。在卖场转悠了半天之后,她终于在一款时尚新型手机旁停下了,并比对着其他几款手机。这时候,销售员迎了上去。

销售员:"小姐您好,您的眼光真好,我们专柜的手机都是国内很知名的品牌,这几款手机都是今年的新款,都是针对像您这样时尚靓丽的女性设计的。依我看,这款玫红色的手机就很适合您。"

客户:"是不错,我感觉挺好的,可是这价格能打折吗?"

销售员:"这款手机的确挺适合您这样的时尚大方的女孩子。不过我们这里的手机都是新款,是不打折扣的。如果是我,也会觉得有点贵,毕竟现在的手机越来越便宜;不过一分价钱一分货,我们这款手机价格之所以偏高,是因为它不仅有多种功能,而且颜色鲜艳、时尚,款式设计新颖,不俗套,看起来非常高贵、典雅,是一种品位和个性的表现。如果相对于这些来说,这个价格绝对是划算的。"

客户:"可我还是觉得贵,要比普通的手机贵出一千块呢。"

销售员:"您说的没错,一般的手机真的很便宜。但可能是我还没有解释清楚,这款手机不仅外观吸引人,而且在功能方面也是相当先进的。您看一下手机功能介绍,无论是日常功能还是娱乐功能,都非常好。而且这是一款新上市的手机,相对一般的新品来说,还是挺便宜的。最重要的是,我真的觉得这款手机很适合小姐您,可以说与您的大方气质相得益彰。您用再合适不过了。"

客户:"我是挺喜欢的,可是真的不打折吗?"

销售员:"是的,小姐。如果您真的喜欢,就拿上吧。这种概念型的手机都是限量版的,国内就几十款,如果您错过这次机会,日后就很难买到了。那样的话,您一定会遗憾的。"

客户:"是吗?那我就买这款了。"

在上面案例中,这位销售员是精明的,当他发现客户看上了专柜中的这款手机后,立刻迎上去并认可客户的眼光,当提及价格问题时,他先澄清价格贵的原因,这样就打消了客户还价的念头,于是,客户最终还是决定购买。

其实,在谈判过程中,我们也可以吸取这位销售员的经验。在交涉前,把丑话说出来,就能守住自己的谈判底线,也就能最终掌握谈判的主导权,从而使谈判结果有利于自己。

那么,具体来说,我们应该怎么做呢?

1. 做足准备工作,先发制人

在谈判之前,你必须做到知己知彼,不但要清楚自己,还要了解你的对手。为此,你不能完全指望谈判桌上的那几分钟,而应该事先收集多方面的资料,然后加以分析,找出对方的优势、弱点、底线等。以商务谈判为例,你可以先到对方的销售点看看,从工作人员那里得知一些情况,这能使你的谈判更有底气。

在做足这些准备工作之后,你应该尽可能地收集好一切"可借助的力量"。只有这样,谈判一开始,自己就会处于有利的地位。

那么,谈判中"可借助的力量"是由哪些因素决定的呢?同样以商务谈判为例,进行商品买卖时,需求与供给的平衡状况就是重要的决定因素。对供给方来说,自己所提供的产品的需求量越大,对自己就越有利。对商品生产者来说,如果能够生产出其他公司所不能生产的产品,或者与其他公司相比,能够及时地提供更为优质的产品,那么就对自己更为有利。

2. 保持冷静

冷静是任何一个谈判者都必须具备的心理素质。为什么这一点如此重要?在谈判中,双方在利益上多半都是对立的,暴露自己的情绪无非就是给对方控制的机会。正如人们常说的:"谁先暴露自己,谁就输了。"因此,无论对方说什么,你都必须控制好自己的情绪,保持冷静,也不要急于成交。

你应该优先考虑的,是你自己的谈判目的。同时,不要太在意谈判的结果,尊重对手,轻松面对。

3. 倾听

谈判其实是一场心理的较量，因此并不是说，谁夸夸其谈，就能掌握主动权。其实，情况往往是，谁听得多、说得少，谈判结果就利于谁。当然，谈判中的"听"，也是学会听关键信息，比如，对手的漏洞，对方的谈判底线、谈判风格……

4. 划定谈判范围

谈判双方一口气将谈判结果敲定的情况往往是少见的，多半都存在某些异议，有时候，需要双方都退一步，但你必须要明白自己退步的底线，也就是要了解自己接受条件的范围。比如，就商务谈判而言，付款方式就是一个没有商量余地的条件，因此，你应该事先声明，其他都可以谈，但必须是现款。这样，在了解底线后，双方免得费唇舌、浪费时间。当然，有时候，如果你觉得一提出这样的范围就可能使谈判破裂，那么，你就要慎用这种方法，必要时，你还要作出一些妥协。

5. 从共同的利益点出发

在谈判中，一些人过分强调彼此间的分歧而忽略了双方应该达成的共同目标，从而都无法获得利益。事实上，如果你能站在对方的角度，多替对方说说话，那么，有时候，对方是愿意作出让步以实现共同利益的。这样的谈判结果往往会令双方都愉快地接受。

可见，在谈判中，并不是谁说得多，谁就说了算。谈判过程就是一场主导权的争夺战。领导干部们一定要认识到这一点，将主导权始终牢牢地掌握在自己的手中！

将心比心，赢得对方好感

有人说，谈判桌上永远是虚虚实实,没有绝对的真假，为了迷惑对

方，人们甚至会制造出一些假象。通常来说，谈判双方经常较量的就是实力，当然，这里只需要让对方相信你比他更有优势就足够了，最常使用并且效果最佳的方法就是给对方施加压力，比如，你可以顺便提提他的竞争对手，让他明白，假设他不答应你的谈判条件，那么，你就会选择与他的竞争对手合作。但事实上，无论是何种谈判，"用刑"不如"用情"。站在对方的立场说话，他会觉得你在为他着想，对方就会臣服于我们的真情实意，谈判自然会有利于我们。因为人都是有感情的，谈判中也会"感情用事"，即使谈判涉及利益问题，也可能因为"情"作出"有失偏颇"的决定。

我们来看看下面的谈判案例：

某客户准备为自己的饭店购进一批桌椅，于是，他和家具公司的代表谈判。

客户："我觉得那套棕色木质家具看起来比较大方，而且我一直比较喜欢木质的东西……"

销售方："请问您的饭店大厅有多少平方米？"

客户："我的饭店有100平方米，买20套这样的桌椅应该能放得下。"

销售方："您看一下这套家具的宽度，放在100平方米的大厅里会不会显得剩余空间太狭窄？其实主要是我们这个展厅比较大，很多人一进来就相中了这套家具，实际上那套小巧玲珑的家具更适合现代餐厅布局的风格，而且价格也比刚才那套实惠很多。"

客户："你说得对，我还是买这套小一点的吧。"

作为销售方的谈判代表，并没有利欲熏心，而是从客户的实际情况出发，及时提醒了客户：那套昂贵的木质家具是不适合的。这位谈判者这样说，会让客户从心里感激他，并觉得他是一个真诚的人，自然毫无疑问地达成了谈判目的。伟大的销售员总是在第一时间考虑客户的要求，一旦你掌握了这种方法，你的工作就能变得更顺利，并且你不只是做成了一笔生意，还赢得了一名忠实的客户。忠实客户给你带来的利益是不可估量的。

的确，谈判中，双方都有各自的立场，若对方的立场和自己的不同，自然就会产生抗拒心理。聪明的谈判者应该学会和客户站在同一个立场，并从对方的角度去思考问题。

具体来说，我们需要做到以下几点：

1. 坦诚你的想法

曾经有位知名的谈判专家直言："在很多国际的商谈中，我都毫不隐晦地告诉对方我自己的想法，并时常会以'我觉得''我希望'为开端，结果常常令人极为满意。"

其实，直言自己的想法、期望等，能体现你的真诚，这样，你同样能换取对方的真诚，这才是最佳的谈判结果。

2. 说话要有耐心

无论多么简单的交易，即使是一个很小的环节，我们都要充满耐心。人们经常因为没有质疑自己的先入之见，或者没有考虑清楚交易的原因，而身陷糟糕的交易中。心理学家把这种急切的心态称为"确认陷阱"——他们没有去寻找支持自己想法的证据，同时又忽视了那些能证明相反意见的证据。

而从谈判对象的角度看，我们在谈判中，说话越有耐心，他们越能看出我们的素质和修养，自然愿意与我们合作。

3. 多询问对方的意见和想法

一个善于沟通的人，总是善于询问并且倾听他人的意见和感受。无论是询问还是倾听，都是为了让我们关注他人的想法，而不是为逞口舌之快而伤害他人。尤其是在对方退缩、默不作声或欲言又止的时候，可用询问引出对方真正的想法，了解对方的立场以及对方的需求、愿望、意见与感受，并且运用积极倾听的方式，来诱导对方发表意见，进而使对方对我们产生好感。

总之，谈判中，多站在对方的角度说话，是一种技巧，能让对方心服口服，这比用尽心机让对方屈服的效果要好得多！这也是我们要掌握的重要的谈判策略之一！

第14章 谈判心理策略：谈判就是一场攻心战

营造舒适气氛，避免尴尬

我们都知道，谈判远比一般意义上的沟通更有挑战性，更充满了变数。我们当然希望谈判能顺顺利利地进行，但实际上，因为各种原因，比如，价格、售后服务、付款方式等方向的分歧，使谈判陷入僵局是常见的事。面对僵局，双方要么沉默面对，要么索性终止谈判。当然，这都不是双方希望看到的结果。那么，应该如何化解矛盾，打破谈判僵局呢？对此，一些谈判场上的新手会显得束手无策，认为已经谈崩了，进而对谈判失去信心。其实，看似无法打破的僵局，只要掌握一些技巧，就一定有解决的方法。

我们知道，谈判少不了说话。谈判中，陷入僵局，也就是我们说了令对方不悦的话。如果及时转变话题，把话说到对方的心里去，谈判对方的心情是可以舒缓的。

很多时候，对于谈判新手来说，僵局看起来好像是死胡同，可对于谈判高手来说，它只是一个插曲罢了。无论什么时候，你都可以采用一种非常简单的策略来打破这些僵局。该策略被称为"暂置策略"，也就是转移话题。

1991年，美国试图让以色列再次回到和平谈判桌前与巴勒斯坦解放组织进行谈判，埃及国务卿詹姆斯·贝克再次遭到了以色列的强硬抵制。以色列人起初坚持认为，只要开始谈判，对方就会提出要以色列从巴勒斯坦定居点撤军，而在以色列看来，撤军是绝对不可能的，所以他们干脆拒绝与自己的敌人坐到谈判桌前。詹姆斯·贝克是一个非常聪明的谈判高手。他知道，要想让以色列重新坐到谈判桌前，就必须把僵局问题放到一边，首先解决一些小问题。

于是他说："好的，我也意识到你们并不准备和巴勒斯坦人举行和平会谈，我们不妨把这个问题先放到一边。设想一下，如果真的举行和平会谈的话，你们希望会谈的地点在哪儿？是在华盛顿，或者是中东，

还是在一个中立的城市，比如，马德里呢？"

通过讨论这些看起来微不足道的问题，埃及国务卿詹姆斯·贝克一步一步地把谈判推进。然后他提出了巴勒斯坦谈判代表的问题：如果巴勒斯坦解放组织派出代表参加谈判，以色列方面希望谁来代表该组织？解决完这些小问题之后，再和以色列讨论和平问题已经很容易了，而他们最终同意和巴勒斯坦解放组织举行和平会谈。

从这个经典的谈判案例中，我们发现一个谈判技巧：当谈判双方陷入僵局后，恰逢时机地转移话题是缓解气氛解决问题的关键。从心理角度看，此时，双方的心情都是压抑的，如果我们再纠结在原本无法解决的问题上，那么势必会使气氛更加沉重，更不利于谈判的进行，而如果我们能转移话题，则能转移对方的注意力，从而缓和气氛，进入再度谈判的环节。

谈判专家指出，谈判僵局一旦处理不好，就有可能把谈判逼进死胡同；相反，如果能够恰当地应用策略和方法，还是可以"起死回生"的。但面对谈判僵局，采用"只剩下一小部分，放弃了多可惜""已经解决了这么多问题，让我们再继续努力吧"这些说话技巧并不一定能起到打破僵局的作用。

那么，谈判中，我们应该如何转移话题呢？对此，我们需要注意以下几个方面：

1. 千万不要混淆僵局和死胡同

所谓僵局，就是指谈判双方就某一个问题产生巨大分歧，而且这种分歧已经影响了谈判的进展。所谓死胡同，就是指双方在谈判过程中产生了巨大分歧，以至于双方都感觉似乎没有必要再继续谈下去了。谈判过程中很少会出现死胡同，所以当你以为自己进入死胡同时，你很可能只是遇到了僵局。

2. 先在小问题上赢得对方的共识

你可能会好奇，为什么要在那些无法达成共识的小问题上浪费时间呢？对此，你不妨反过来想想，既然小问题已经解决了，不就找到解决大问题的突破口了吗？"我们先把这个问题放一放，讨论

其他问题，可以吗？""我知道这对你很重要，但我们不妨把这个问题先放一放，讨论一些其他问题。比如说，我们可以讨论一下这项工作的细节问题，你们希望我们使用工会员工吗？关于付款，你有什么建议？"

通过解决谈判中的许多小问题，为最终讨论重要问题积聚足够的能量。

把握主动，始终引领对方的思维

现代社会，在很多领域，人们都需要通过谈判来解决问题。但成功谈判并不是一件易事，首先要求我们在谈判中把握主动权。其实，任何谈判实质上都是打心理战，谁先丧失主动权，谁就败下阵来，要想克敌制胜，就必须始终引领对方的思维。

曾经有个商人，听说卖沉香很赚钱，就到外地买了一车沉香，然后去集市卖。谁知道，因为沉香价格比较昂贵，所以很少有人买。令他更沮丧的是，旁边一个卖木炭的小贩，居然不到半天就把一车木炭卖光了。商人心想，这不是办法，于是，他绞尽脑汁，想到一个办法，并且他为自己的智慧感到很骄傲。

原来，商人想到的办法就是将沉香焚烧成木炭。他一把火将一车名贵的沉香烧了。当然，他的新货一下子被抢光了，最后高兴地数着自己赚到的钱。

看完这则案例，我们不禁会想，这个商人真是愚蠢至极，他虽然卖出去了商品，但失去得却更多。

谈判中，我们发现也有这样一些谈判者，他们的性子太急，做事总是匆匆忙忙，尤其是在成交阶段，他们不仅没有掌控对方的思维，反而被对方牵着鼻子走，最终在谈判中失利。为了避免这一点，我们在谈判

中必须学会以下技巧：

1. 巧妙地利用冷场

谈判过程中，选择恰当的时机沉默，可以起到调动对方情绪的作用。这里的时机，可以选在以下三个阶段：

（1）在讲话的开头。

谈话之初就沉默，让对方主动开口。而对于这种沉默的方式，还可以分成两种：一种是吊胃口，也就是你说一段话，然后保持沉默，此时，对方会接下你的话茬儿。比如，假若你是某领导，你的下属在工作中出现了问题，你想找他谈谈，但他就是不说话，于是，你可以这样说："小李，我估计你不知道说什么，那么，就让我先说，等我说的时候，如果你发现我有说得不对的地方，你一定要指出来。"接下来，你就针对这一问题开始讲，当你讲着讲着，对方肯定会跳出来指，一来二往，两人就把话说开了。这是第一种冷场的方式。还有第二种方式，那就是真正意义上的冷场。假若对方是个急性子，那么，他一定受不了这种冷场而主动说话。

（2）在讲话的中间冷场。

这样做的目的是转移方向。举个简单的例子，你原本想和对方谈论孩子教育的问题，但不知道为什么谈着谈着就谈到了服饰的问题，为了把话题拉回来，你可以冷场几分钟。对此，你可以说："刚才我们谈到孩子的教育问题。"然后冷场，一秒、两秒、三秒，前面的话题就回来了。

（3）在谈话即将结束的时候。

这时候使用冷场的妙处在于表明了你已经耐心听完了对方的谈话，一般来说，谈判结束后，停十几秒再答话比较好，这样能给自己一点思考的时间。

总的来说，冷场并不是说明我们语塞，而是一种谈话技巧。这就相当于一种机关，这个机关可以设在谈话的开场、中间，也可以设在结束。

2. 声东击西

在谈判中，声东击西其实也就是转方向。比如说，你和客户在交货

时间上和价钱上都有分歧，客户的要求是价钱要降低，而交货时间也必须提前。为此，你不妨先在一个方面作出妥协，比如，你可以把交货时间提前一个星期，但价格决不能降。此时，客户在你答应一个条件后，自然还会在另一个问题上和你"软磨硬泡"，对此，你可以这样说："好啦！我价钱也让给你一点点。"客户肯定很高兴，以为自己两方面都争取到了，但他或许没有发现，你真正要守的就是时间。这里，先从时间上入手，故意称不讲价，然后对方的注意力就会被吸引到价格上，而过了一会儿，你再为他降价，那么，对方自然满意，而你也守住了时间这一关。

3. 喊停

谈判过程中的暂停常常是给自己赢得一些空间和时间，例如，客户的话题跑得很远，这时就得喊停了。喊停后重新回到谈判桌上，理论上是谁叫停，谁就先讲话，也就是叫停的人获得了下一次的发言权。

4. 加议题

加议题有两种：

一种是把人变多。比如，原本客户是和你谈判，但客户认为你的产品太贵，此时，你不妨再为自己找个行业内的伙伴，进行策略联盟，让他们把自己的产品也亮出来，这样，客户需要考虑的就不只是你的产品了，他会进行比较，最终他会发现，虽然你的产品稍贵一些，但是各个方面都比其他产品优秀。最终，他在权衡之下，当然会接受你的意见。可见，把人变多这种加议题的方式能分散客户的注意力，最终让其调整谈判意见。

另一个加议题的方式是转移话题。还以价格问题为例，客户若希望你降价，那么，你就可以直白地告诉他，如果想降价，那么，在售后和质量上就没有保证了。此时，对方必然会担心质量和售后问题，并且会询问，这两方面怎么会有问题呢？此时，我们就会发现，谈判的中心已经从价格转移到了质量和售后，也就开始了另一场谈判，主题就是唯有价钱合理，才有质量保证，最后客户就会主动放弃降价的要求。

在把握客户谈判思维的时候，我们一定要注意：

（1）保持冷场的时候，一定要把握好度并了解对方的性格，有些人不喜欢冷场。

（2）要细心。这是任何一个谈判者都必须具备的品质。

（3）要有耐心，不要急功近利。行事冲动，极易导致推销失败。尤其是在促成阶段，对方所作出的任何一个决定，都不是一时冲动，他们需要权衡各种客观因素，同时还要受到主观因素的影响，如心情好坏等。因此，作出决策是一个极其复杂的过程，并不是一蹴而就的。在这个时候，我们应该给对方一定的考虑时间，并耐心地等待对方作出决定。

用数据说话，更有说服力

从某种意义上说，我们谈判的目的就在于让对方接受自己的观点。但出于利益的对立，大多数时候对方对你都持怀疑态度，对你心存戒备。这恐怕是所有参与谈判的人的共同心理。以商务谈判为例，要达成交易，就要让对方对你深信不疑，但有时候你使出浑身解数，向客户展示产品的众多优点，对方似乎也不吃你那一套，但如果换种推销的方式，比如说，向客户展示一些真实案例或摆出数字，那么，便能消除客户的怀疑，自然就会促使对方购买。可以说，这种语言策略同样适用于任何谈判活动，只要我们加以巧妙运用。

曾经有位叫李准的作家，很多同行都知道他有个叫人落泪的本领，但没有亲眼见过的人都说他在吹牛。其中，电影艺术家谢添就不怎么相信。巧的是，一次，在著名豫剧演员常香玉的"舞台生涯五十周年庆祝会"上，谢添与李准不期而遇。谢添一看到李准就想起了他那个本领，自然要一探究竟。

第14章 谈判心理策略：谈判就是一场攻心战

谢添说："李准，我听说你能三句话就叫人落泪，我今儿倒想看看是不是真的，这样吧，你若能叫常香玉当众哭一场，那么，我们就服了你；当然，你现在认输也行！"

听到谢添这么说，李准故意皱了皱眉头，然后很为难地对常香玉说："你看看老谢，今天是你的大喜日子，他偏要让你哭，这不是难为人吗？"

他没想到，常香玉居然接过话茬说："我觉得老谢这主意不错，你今天能让我掉眼泪，就算你有真本事！"

事实上，让常香玉落泪并不是什么难事，李准之所以故作为难，是为了给自己争取时间整理思路。因为在喜庆的场合，要让一个人落泪并非易事，但李准很快冷却了现场的气氛，并让常香玉痛苦。他是这样说的：

"香玉，咱们能走到今天这一步，真是太不容易了。想起来，你还救过我一命，我这一生都不会忘记你这个救命恩人。我记得4岁那年，我和一群难民逃到了西安，当我快要饿死的时候，听到有人喊：'常香玉放饭了！河南人都去吃吧！'看到食物，我们一群人都涌了过去。吃着热乎乎的粥，我当时心想，日后再遇到她，我一定要叩头谢她。再后来，"文化大革命"来了，我看到你被押在大卡车上游街，我心里很难过，我心想，若能换过来多好，让我去替她受罪吧，她可是我的救命恩人啊！"

"老李，你……别说了！"李准还没说完，常香玉已抑制不住内心的感情，痛哭起来，接下来，李准把脸转过去，大厅里顿时安静下来，大家都听到了常香玉的抽泣声，人们也都沉浸在一种伤感的氛围中，就连谢添也轻轻地吸了吸鼻子。他甚至已经忘记，这只是他和李准打的一场赌而已。事后，他说，他对李准真的佩服极了。

一个充满欢乐的盛会上，李准简短的几句话，就让常香玉落泪了，他是怎么做到的呢？其实很简单，他运用的就是用真实事件打动他人的方法，他筛选出的这些事件并不是杜撰的，而是常香玉的亲身经历，并且在语言叙述的过程中，他还加入了很多情感的因素。于是，几句话就

/245

使听者感动了。尽管这个案例的重点不在说理而在动情,但用这种鲜明具体的事实来打动人心的手法还是值得学习的。

那么,在谈判过程中,我们应该如何运用这一策略呢?

1. 用具体的、真实的事例来说明问题

真实的事例是一种具有说服力的论据。比起那些空洞的承诺、抽象的产品质量报告,具体真实的事例显得更加形象生动。如果你告诉对方:"我们是奥运合作伙伴,这是我们的合作标志。"那么对方不仅欣然接受,也会对你们论述深信不疑。再如,"某某500强企业一直在用我们的产品,到现在为止,已经和我们公司建立了5年零8个月的良好合作关系。"在说明的同时,辅以一些图片或是资料,就能发挥出最好的效果。

2. 摆出数字

谈判时,我们一定要显示出自己在该领域的专业素质,才能让对方信服。以商务谈判为例,你须尽量权威、精确地介绍产品的各个方面,越是精确、权威的数字,越能让对方感受到你的专业,也就越能获得对方的信任。因为在客户看来,口说无凭的介绍是起不到任何作用的,也不能够刺激他们的购买欲望。现在人们对产品的要求越来越高,当然也不会笃信你的空口无凭,但是当你用数据来说明的时候,就很有说服力了。

用数据和事实来说服对方,和很多谈判技巧一样,虽然具有很好的作用,也可以增强语言的可信度,但是如果使用不当,同样会造成极为不利的后果。因此,我们在用数字、事实说明的时候,可以从以下方面入手:

(1)用影响力较大的人物或事件说明。比如,"好莱坞明星××从××年开始就一直使用我们公司的护发产品,到现在为止,她已经和我们公司建立了5年零6个月的良好合作关系。"

(2)拿出权威机构的证实结果。比如,你可以说:"本产品经过××协会的严格认证,在经过了连续9个月的调查之后,××协会认为我们公司的产品完全符合国家标准……"

另外,你给对方所举的案例一定要真实,否则就是搬起石头砸自己的脚,将造成信任危机。

总之,在任何时候,最忌讳毫无事实证据的论述。更何况,对于处在利益对立面的对手,谁都会心存戒备,更别说完全信任了。此时,若你的言谈没有事实依据,那么,则会加深对方的疑心,也就无法激发对方想要成交的欲望。如果我们能举出现实例证或摆出数字,给对方吃一颗定心丸,自然会促使交易成交。

第15章 交际心理策略：跟谁都能聊得来

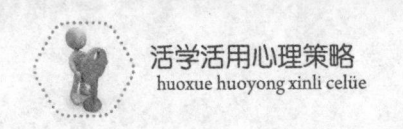

面对不同人，要说不同话

人际交往中，我们发现，那些交际高手，都有个共同的特点，那就是他们善于沟通，懂得如何与他人寒暄。英国著名作家托马斯·卡莱尔曾说："礼貌比法律更强有力。"寒暄其实就是一种礼貌，也是在与他人接触中一个比较重要的问题。寒暄，应酬之语也。在交谈中，寒暄并不会涉及真正的交谈目的。因此，我们大可不必在意字面的含义，但这并不意味着寒暄是毫无章法的。寒暄时，我们要尽量考虑交往的对象和交谈的环境，俗话说，"到什么山唱什么歌""见什么人说什么话"。寒暄中，难免要说些赞美的话，但一定要得体，不要过分，过分就会显得虚假。

程前是一名销售新手，他主要销售的是女士保养品。他是个机灵的小伙子，但因为口无遮拦，得罪了不少客户。

有一天，店里的老客户陈女士来了，陈女士和丈夫刚离婚半个月，但心情似乎没有那么差。

这位陈女士是店长的好朋友，程前便想过去套套近乎，就主动和对方打招呼："陈姐，最近皮肤保养得不错啊。"

"哪里有？你真是说笑了。"

"我可没开玩笑，比你没离婚的时候还好呢！"程前一说完，陈女士的脸色马上变了。这一点，程前也感觉到了，为了打破僵局，他准备弥补一下。

"你看我这乌鸦嘴，其实，离婚了也没什么不好，您还拿到了一大笔孩子的抚养费，这也不错。"这话一出口，陈女士的脸色更差了。程前知道已无法挽回了，便不再作声。后来，这位陈女士再也没来店里购买过保养品。

遇到老客户，自然需要寒暄一番，若视而不见，不理不睬，难免显得自己妄自尊大。但很明显，程前的寒暄之语适得其反，得罪了客户。可见，我们在与人寒暄的时候，一定要考虑对方的心情，不可信口开河。

在交际场合，男女有别，长幼有序，彼此熟悉的程度也不同，寒暄时的口吻、用语、话题自然也不同。在这一点上，我们要具体考虑这样几种因素：

1. 身份、职业

与不同职业、身份的人寒暄，有不同的说法，以下是与几种职业人士寒暄的常见技巧：

（1）与客户寒暄。

"李总，好久不见呀，见到您真高兴，最近在哪儿发财？您看您，也不来我这儿坐坐。"

（2）与生意人寒暄。

"张姐，您看您生意这么忙，现在又是旺季，再忙也得注意身体呀。"

（3）与公务员寒暄。

"您好，秦科长，看您年纪轻轻的，就担任了领导干部，真令人羡慕，将来必定大有作为。"

（4）与老师寒暄。

"刘老师，您从事教育工作有十几年了吧？您看您现在桃李满天下，做什么工作的都有，您真是有福气呀。"

（5）与成功人士寒暄。

"您好，李老板，之前在报纸上看到您介绍成功的经验，没想到您这么年轻就大有作为，有什么秘诀传授传授吧。"

2. 亲疏的界限

与陌生人交谈，双方尽管都想了解对方，但毕竟是不熟悉的，因此，言谈不可表现得太过亲昵，要尽量表现得坦诚、真挚，一般来说，采用问候式和谈天式的寒暄方式比较好。

而熟人间的寒暄，如果是经常见面，往往只需一句话、一个招呼，甚至一个眼神、一个微笑、一个手势。

3. 年龄的差异

与人交往，一定要注意你的交往对象的年龄，若对方比你年幼，你就应该表现出谦虚热情，倘若对方比你年长，则要表示出敬重。

4. 性别的不同

比如，男性在与女性交谈时，就应该注意，有些话题是不应该和女性寒暄的，比如"你又长胖了。""嫁人没？"当然，如果双方关系密切，倒也无妨。即使与异性交往，也不必故作严肃，只要谈论的话题格调高雅、注意分寸即可。

5. 文化背景的特殊性

问候语具有非常鲜明的民俗性、地域性。

比如，老北京人爱问别人："吃过饭了吗？"其实就相当于跟人打招呼："您好！"如果你不懂其中含义，答"还没吃"，意思就不大对劲了。若以之问候南方人或外国人，常会被理解为："要请我吃饭""讽刺我不具有自食其力的能力""多管闲事""没话找话"，从而引起误会。

在阿拉伯人中间，有这样一句特殊的问候语"牲口好吗？"乍一听，让人摸不着头脑，其实，这也是问候，是关心您的经济状况如何，而绝不是拿您当牲口！的确，在以游牧为主的阿拉伯人心中，还有什么比牲口更重要呢？问您"牲口好吗？"的确是关心您的日子过得怎么样。

再如，在西方国家，一些年轻的姑娘在听到别人赞美她们"你看上去真迷人""你真是太美了"时，往往很兴奋，并且会很有礼貌地作答。但在中国，这样寒暄往往会被误解，并得不到好的反馈。

总之，寒暄语不一定具有实质性内容，而且可长可短，但需要因人、因时、因地而异，我们掌握这一点，才能真正发挥寒暄在人际交往中的作用！

第一句话就要营造轻松的气氛

人际交往中，我们可能经常会遇到这样的情况：大家似乎都不愿意主动开口而导致了场面冷清、尴尬，此时，我们应该如何是好？要知道，只有沟通才有交际，开口交谈是人际交往中最重要的步骤之一。此时，如果我们懂得一点技巧，在开场就处理好这一步，那么，交谈气氛便能迅速地融洽起来，使我们结识很多有趣的朋友。

当年，中国革命的先行者孙中山先生曾在广东大学——即现在的中山大学作演讲。

那次演讲的礼堂空气流通不好，加上听众很多，所以有些人精神不振，似乎昏昏欲睡。为了改变当时的听讲气氛，孙中山先生为大家讲了一个故事：

曾经有一个搬运工人，一心想改变自己的命运。于是，他买了一张马票，但他不知道该藏在什么地方，思前想后，便藏在了随身携带的一根竹竿里，并记下了马票号码。开奖后，他发现自己就是巨额马票奖的获得者，欣喜若狂，便把自己手上的竹竿扔到海里了。因为他觉得从今以后就不用再靠这支竹竿生活了。直到问及领奖手续，得知要凭票到指定银行取款，他才想起马票放在竹竿里了，便拼命地跑到海边，可是，那个竹竿早不知去向了。

讲完这个故事，听众变得躁动起来，他们议论纷纷，笑声、叹息声四起，结果会场的气氛活跃了，听众的精神也振奋了。

于是，孙中山先生抓住时机，接着说，"对于我和大家，民族主义

这根竹竿,千万不要丢啊!"很自然地又回到了原有话题上。

上面案例中,孙中山就很善于调动听众的情绪,当大家昏昏欲睡时,他通过一个巧妙的故事,将大家的关注点重新拉回到他要演讲的问题——民族主义上。

俗话说,良好的开端是成功的一半。应酬中,精彩的开场白可以起到营造良好气氛、激发听者兴趣的作用。但开场并不是毫无章法的。我们来看下面这样一个寓言故事:

有一个人请客,约定的时间早已过了,一大半的人还没来,大家等得焦急。主人的心里也很焦急,便说:"怎么搞的,该来的客人还没来?"一些敏感的客人听了心想:"该来的没来,那我们是不该来的了?"于是便悄悄地走了。主人一看,又走了几位好友,越发急了,便说:"怎么这些不该走的客人都走了呢?"剩下的人心想:"走的是不该走的,那我们剩下的便是该走的了。"于是又走了。最后只剩下一个跟主人比较亲近的朋友,看到这种局面,就劝他说:"你说话前应考虑再三,否则说错了,就不容易收回来。"主人大叫冤枉,急忙解释说:"我并不是叫他们走啊!"朋友一听,心想:"不是叫他们走,就是叫我走了。"于是也走了。

在这个寓言中,主人公本想活跃一下现场气氛,打破尴尬和沉寂,但在开场时却不得要领,让在座的客人认为自己是"该走的"而相继离开。

可见,开场白也不是随随便便说的。有人因为表达得体而受欢迎,有人则因为表达不当而令人反感。从人们的心理角度看,每个人都希望别人能说出自己喜欢听的话。

那么,应酬中,我们在开场时,应该如何调节氛围呢?

1. 先让你自己变得快乐起来

每天起床时,你都应该暗示自己:"我要变得快乐!"并让这个自我激励渗入自己的潜意识里,这样,当你精神不振的时候,这句话就会激发你身体里的快乐因子,让你变得积极。

2. 表达你的热情

我们不要指望冷漠的态度会感染他人。热情与快乐是一对连体婴儿。对方在感受到你的热情时，自然也就对你敞开了心扉。

3. 幽默

有人说，幽默是上天赐予人的一种特殊的能量，它既能带给人欢乐，也是积极乐观的体现。许多看似烦恼的事物，我们用幽默解释，往往会使人们的消极情绪荡然无存，立即变得轻松起来。

4. 用有积极意义的语言应对

比如，当你和陌生人说话时，对方对你的态度突然变得冷淡，这时与其一个人冥思苦想："难道我说了什么伤感情的话？"不如直接问对方："我是不是说了什么失礼的话？如果有的话请您原谅。"这样一来，即使对方真的心有不悦，也会烟消云散。因为你的坦诚已经让他原谅了你。

因此，应酬中，我们要想让他人被我们的积极情绪感染，首先我们应该积极起来，微笑着面对朋友，用开心和快乐去感染陌生人，感染同事，感染朋友……

幽默让你更受欢迎

人们参与社交应酬，总有各种各样的目的，要达到这些目的，我们就必须在和谐、轻松的氛围中交际，此时，幽默的作用就明显地体现出来了。社交生活中，一个说话幽默、风趣的人，常常受到人们的欢迎。因此，我们可以说，幽默是社交中的"强心剂"。

幽默是一种高级的智力活动，能够化解对方的怒火，减轻对方的怒气。所以，在语言使用过程中，善用幽默有助于达到我们的目的。

苏轼有位姓刘的朋友，因晚年患病，鬓发、眉毛尽皆脱落，鼻梁也

快断了。一天，苏轼同许多朋友相聚饮酒，这位姓刘的朋友建议大家各引古人语相戏。苏轼对这位姓刘的朋友说："大风起兮眉飞扬，安得壮士兮守鼻梁。"引得满座大笑。

这里，苏轼用仿拟的手法制造了幽默。所谓仿拟，指的是故意模仿套用已有的固定语言形式来叙说的一种表达方式，主要特点是套用现有的词、句、篇等语言形式来揭示所描述事物的内在矛盾，创造出新的意境。而此处苏轼仿的是汉高祖刘邦《大风歌》中的"大风起兮云飞扬，威加海内兮归故乡，安得猛士兮守四方。"的首尾两句，两相对照，趣味盎然。社交中，幽默除了能帮助我们达到目的外，它还能调解沟通氛围，化解沟通中的障碍，并使沟通的气氛更热烈。

具体来说，在应酬中，运用幽默这一技巧可以达到这样的效果：

1. 融洽交际氛围

有一个单位组织退休老干部乘大客车外出旅游，上车时你谦我让，耽误了不少时间。开车后，一位老同志朗声打趣道："我给大家讲个故事助兴：从前有一位妇女，怀孕10年才生下一对双胞胎。问这对双胞胎为何迟迟不肯面世，他们说，根据礼节，年长位尊者应该先行，但他们两个不知谁是兄长，就这样互相推让了10年，把妈妈生孩子的事给耽搁了。" 这一个故事引得车上的老干部们面面相觑，继而哄堂大笑。

2. 化解困境

幽默是一种人生智慧，它能让你和他人零距离接触，它温和而不软弱，含蓄而不张扬，机智而不圆滑，它是"天真"与"理性"的巧妙结合，帮你化解困境，在社交中轻松自如地面对一切。

1972年，时任美国总统的尼克松访问中国。"不到长城非好汉"，尼克松在工作人员的陪同下，这天，也来登长城，但因为腿有隐疾，还没走几个台阶，他就走不动了。这时候，有记者问："总统先生，您不想登上最高峰？"

尼克松幽默地说："昨天我与毛泽东的会见，已经是最高峰了。"

这里，我们看出，尼克松总统的回答很巧妙，虽答非所问，可

是妙趣横生，机智可嘉。这就是幽默的效果，可谓"余音绕梁，三日不绝"。

3. 缓解紧张情绪

适当的幽默，可以缓解对方紧张的情绪，消除对方的疑虑，使交往更加畅通无阻。

第一次世界大战时，一个美国青年应征入伍。临行前，他忧心忡忡地去拜访一位智者，向他道出了对自身安危的忧虑。

智者捋着胡须，笑眯眯地说："孩子，当兵有两种可能：一种是留在后方，一种是送到前方。如果留在后方，那你担心什么呢？就算送到前方，也有两种可能：一种是受伤，一种是安然无恙。如果安然无恙，你又害怕什么呢？如果你不幸受伤了，那也有两种可能：一种是受了轻伤，一种是受了重伤。如果受了轻伤，你当然也不必担心。就算受了重伤，也有两种可能：一种是能治好，另一种是治不好。如果能治好，你还担心什么？就算治不好，也有两种可能：一种是死不了，另一种是死了。死不了当然也不用担心，至于死了嘛，也好，既然已经死了，那还担心什么呢？"

听了智者的话，青年果然不担心了，雄赳赳地奔赴战场了。

智者的话，固然有自欺欺人的意味，但细细品味，其中却充满了黑色幽默，大敌当前，这种给年轻人的安慰，还是颇能有效地缓解其紧张心理的。

幽默所带来的效果可以缓解人们的情绪，表现出人们身处困境却又不悲叹的乐观精神。

4. 一反尴尬，赢得掌声

社交中，情形千变万化，谁也不能准确地预料接下来会发生什么，有时候不快可能让人措手不及，使原本轻松祥和的气氛变得十分尴尬，这时，借助幽默可以扭转乾坤，将那些下不来台的人和事拯救于茫然无措的境地。

德国著名的霍夫曼将军有一次到慕尼黑去视察军队，慕尼黑的军官俱乐部当晚举行宴会，欢迎他的到来，在大家举杯喝完酒后，一

个中士服务员来给将军斟酒。由于紧张和激动,中士居然一下子把酒洒到了将军的秃头上了。当时,在场的军官和士兵都十分紧张,不知道将军将如何惩罚那个可怜的中士。中士也吓得脸都白了,脸上不自觉地流下了一道道汗水。这时,只见霍夫曼将军拿出口袋里的手帕,擦了擦脑袋,笑着说:"小伙子,我这脑袋已经秃了二十年了,你这个方法我也用过的,谢谢你。可还是得告诉你,根本不管用!"就在大家一阵哄笑中,那个中士也终于恢复了平静,他感激地向将军敬了个礼,流着眼泪退了下去。这时,大厅里响起了一片热烈的掌声……

一句幽默的话,不仅为自己的出丑找到了完美的借口,更帮助那个吓得魂飞魄散的中士化解了尴尬,将军的幽默温暖了大家的心,给大家带来了无限的快乐。

5. 委婉地达到目的

用幽默来传达信息,有利于暗示对方,从而委婉地达到社交的目的。这种方法,可以不着痕迹地表达你的观点,同时让自己和对方都可进可退,处于比较灵活的地位,不会太难堪。

谈些有得聊的话题

我们都知道,应酬中的沟通是相互的,而有些人在沟通中会如鱼得水,而有些人却经常被"冷落",其中一个重要原因就是话不投机。那些善于交际的人似乎总能营造出愉快的沟通氛围,其实,这是因为他们善于用提问来挖掘谈资,沟通双方一旦找到了兴趣所在,便会在一来二往中增进彼此的感情。但事实上,提问并非一件易事,因为我们的提问只有在发挥积极作用的情况下,对方才愿意回答。而这就要求我们多提积极的、开放性的问题。因为通常来说,只有开放性

第15章 交际心理策略：跟谁都能聊得来

的问题才能让双方交谈的范围越来越广，双方才更有谈资，也才能产生积极的沟通效果。

一个刚到澳大利亚的中国留学生遇到了这样一件事。

一天，他在街上闲逛，这时，走过来一个金发小姐，问："您是中国人？"

"嗯。"他下意识地回答了一声。

"那么，我能问您几个问题吗？"

"但是我不懂英语。"他装出一副并不懂英语的样子。

"请放心吧，只是四个问题。"金发小姐对他微笑了一下，然后问了一连串的问题："您是学生还是工作了？您最想做的事是什么？将来想从事什么工作？对未来有何打算？"

听到金发小姐这么发问，他所有的疑问都消除了，心想，在这样一个陌生的城市中，竟然还有人关心他的工作、生活，甚至未来，于是，他很诚恳地回答了金发小姐的问题："我还是学生，但我同时也在打工。每天，我都感到很压抑，我没有朋友，因此，我希望和别人交往。未来嘛，我当然希望从事我喜欢的工作并取得一定的成就。"

"您渴望交朋友、渴望让自己的生活丰富起来，也渴望成功，那么，您想过没，您可以选择一个媒介来帮您实现，对于这一点，我就能告诉您。"

他感到十分惊奇："她怎样帮助我实现？"于是，他在金发小姐的带领下，来到了她的办公室。接下来，金发小姐告诉他，她的工作是帮助那些有困难的人，根据他们的具体情况，为他们推荐他们需要的书籍，并且，所推荐的书籍还可以享受九折优惠，于是，这位留学生最后不得不买了金发小姐推荐的一本书。

在上面这个案例中，金发小姐成功地推销了自己的书，就是因为她善于提问，她先提出一连串的问题，而这些问题丝毫没有涉及推销，并且是从关心留学生的角度提出的，因此，很快便消除了留学生的心理顾虑。然后，她再适时地引入销售问题，让留学生产生一种想知道的愿

望。随后，金发小姐成功地推销了自己的书。

的确，开放性的问题因为具有很大的回答空间，所以能激发对方的谈话欲望，让对方自然而然地畅所欲言，从而帮助我们获得更多有效的信息。在对方感受到轻松、自由时，他们通常会感到放松和愉快，这显然有助于双方的进一步沟通。

通常来说，开放性的提问方式，有一些典型问法，比如，"为什么……""……怎（么）样"或者"如何……""什么……""哪些……"具体的问法就像上面案例中的一样，需要销售员认真琢磨并多多实践才能运用自如。

当然，在提出开放性问题的时候，我们还需要注意以下几点：

1. 以轻松的问题发问

以轻松的话题开头，最好不要涉及销售问题。这样，才能打消对方的戒心和顾虑，使对方乐于与你交谈。当对方有所需求时，你再主动出击，将问题转变得较明确。例如：

"您好。是周经理吧，我是××公司的小王，您最近很忙吧？"

"是呀。"

"周总，端午节就快到了，不准备庆祝一下吗？"

"当然了，我们正在安排呢。"

"那我先预祝您节日快乐！"

"谢谢，您有什么事啊？"

"我们给您发过一份传真，说明了我们公司的业务内容，不知您收到了没有？"

当然，以这种问法开头，要求我们掌握在交谈中的主动地位，这样问的目的在于一步步引导对方，在对方肯定了我们所有的问题后，我们自然会得出积极的结论。

2. 不要轻易地否定别人的回答

在应酬中，如果在你提出某个开放性问题后，对方的回答你不认同，你甚至想说服对方接受你的观点，此时，你最好不要轻易地否定对方的观点，说他的观点是错误的、荒谬的，这样你一定不会获得你想要的结果。相反，如果你能机智、委婉地说出你的观点，然后将对方引到其他话题上，从而让他们忘记自己原来的观点，那么这是将话题延续下去的明智之举。

比如，对方在你的面前指责你一个非常熟悉的朋友："他这个人脾气太坏，那次我们一起去谈某项业务，结果与对方负责人没说三句话，就在饭店吵了起来。"你可以问他："哦，是吗？在哪家饭店？"对方回答后，你们不妨就哪些菜比较有特色聊一聊，再将话题引开。

3. 避开别人的痛处

事实上，每个人都有自己的忌讳之处，人人都讨厌别人提及自己的忌讳之处。我们在提开放性问题的时候，最好避开这类话题，把握分寸，不要伤害到别人的自尊心。

总之，人们参与社交与应酬，都希望在轻松、和谐的气氛中进行，而能否达到良好的沟通效果，直接取决于大家交谈话题的合适与否。我们多提开放性的问题，能使双方在沟通中加深感情，从而建立友谊，何乐而不为呢？

把对方变成你的贵人

人是群居动物，不可能脱离社会而生活，而在社会上生活，要想成功，离不开别人的帮助。在生活中，人们经常说某人的成功是因为有贵人相助。其实，每个人都有贵人，而这个所谓的贵人，就在你生活、工作的圈子中。你与他人交往之初，可能看不到对方给你带来的能量，你需要把眼光放长远一点，因为无论是你的亲朋好友，还是刚认识的陌生人，都有可能在你遇到困难的时候帮你一把。那么，如何锁定我们的贵人呢？很简单，只要我们能掌握一些策略，就能让我们的贵人乐于与我

们结交。

曾国藩是清末一代名将。

一天，闲来无事，他叫来幕僚们，一起谈论天下英雄豪杰。提到英雄，他说："彭玉麟与李鸿章均为大才之人，我自知不如他们，虽然我也可以自我吹嘘一番，但我实在不屑。"

一位幕僚逢迎说："不见得如此，您三位各有所长，彭公威猛，人不敢欺；李公精敏，人不能欺。"说到这里，他忽然不知道该如何评价曾国藩了，于是只好语塞。

恰在此时，一个聪明的幕僚站出来，说道："曾帅仁德，人不忍欺！"众人拍手称妙。

曾国藩十分得意，心中暗想："此人大才，不可埋没。"不久，曾国藩升任两江总督，那位机敏的下属也担任了盐运使这个要职。

那位幕僚为什么能获得曾国藩的器重呢？因为他懂得见机行事，当大家都语塞、十分尴尬时，他却能把对曾国藩的恭维说得恰到好处，让曾国藩心花怒放，最终为自己迎来了机遇。

自古以来，那些飞黄腾达者，无不具有如故事中的那个幕僚那样的本事，他们善于攻心，总是能说出对味的话，做出对味的事，让贵人很受用。现代社会的我们，也应该练就这种本事，与贵人交往，首要的任务是根据各个方面的信息，分析出他的真实内心，然后再对症下药，巧妙引导。

具体来说，我们可以掌握以下几点结交贵人的策略：

1. 多多创造和贵人接触的机会

结交贵人，我们不能单单参加各种各样的活动，还应该与他们进行日常的沟通，最有效的方法莫过于多见面，混个脸熟，另外，还可以多打电话、发短信，在重要的日子送上你的问候。如果你能做到这些，那么，对方一定会对你留下好印象。也许哪一天你需要他人帮助时，他就会站出来主动帮助你。

当然，交朋友也要有一定的选择，与优秀的人为伍，你也会变得优秀。但前提是你最好先弄清楚自己日后的发展方向，然后有的放矢地结交这个行业内的优秀人才，那么，你获得的不仅仅是贵人的友谊，还能学到更多的知识。

2. 学会跟随"权重"

精明的人从踏进某个人脉圈子的那一刻起，就有一份结交各类人士的计划，不管他们的计划如何，"权重"是他们必交的人士。"背靠大树好乘凉"，这是我们都懂得的道理，赤手空拳、摸索着前进，很容易碰得头破血流。

3. 学会自抬身价

比如，我们可以装作"无意识"地提及名人。在和别人谈话的过程中，我们要学会不露声色地将一些名人引进来。比如，当对方说到一个笑话时，你可以说"您真幽默，我曾以为×××是我见过的最幽默的人。"这时候，对方会立即产生兴趣，继而问你："是吗？你还认识他呀……"慢慢地，话题也就引开了。

再者，我们还可以不露声色地表明自己和某个名人的关系：假如你和某个名人有直接的关系，而你又想在交往时用这层关系拉近与对方的距离，你可以用这样的方式展开对话："××先生，您好，很高兴认识您，我经常听我叔叔（或者其他关系）提起您！"对方听你这么说，必然会问你的叔叔是谁，这时候你就很自然很巧妙地达到目的了。

的确，在现代社会中，要想成功，需要具备很多因素。其中，人脉关系是成功必不可少的重要因素之一。很多时候，人脉关系的范围很广。有的人认为人脉关系就是指自己的亲戚、朋友，至多包括同事。其实，客户、萍水相逢的人都有可能成为助你成功的关键人物。然而，无论如何，我们若想成功地锁定贵人，就要掌握一些技巧，才能击中贵人的心。

活学活用心理策略
huoxue huoyong xinli celüe

认同赞美对方是交际的捷径

生活中，或许很多人都有这样一种习惯，对于别人提出的方式、方法或是解决方案，还没有弄懂人家的真实想法，就胡乱批评与指责，甚至人身攻击式地全面否定。很明显，这些人是被"人际关系良好者"之列排除在外的，甚至是招人厌恶的，因为人人都有渴望被肯定、被赞美的心理。否定他人，无疑是否定自己，因为不得人心的人际关系就是失败的。反过来，我们可以得出一个结论：认同赞美对方才是应酬的捷径。我们来看下面这个案例：

小张在一家软件公司工作，从进公司开始，就一直在销售部工作。在一次销售大会上，同事小李谈了一些自己对当前软件销售前景的看法，并提了一些具体的建议，而这些建议与小张一向采取的销售策略和主张都是截然不同的，小张自然很生气。心直口快的小张丝毫不隐瞒自己的观点，在会上慷慨激昂地进行反驳，以他对市场调查得来的第一手资料驳得小李面红耳赤，哑口无言。

事后，小李一直怀恨在心。慢慢地，他把小张当成了敌人。奇怪的是，小李还真神通广大。后来领导一纸调令，小张竟然被"流放"到仓库去当管理员了。

这次会上，小张为逞口舌之快，直言不讳，否定了小李的观点，让小李丢了颜面，导致小李经常在领导面前说他心高气傲，目中无人，小张被"流放"也就不足为奇了。下面，我们再来看看赞美他人的效果：

罗斯福总统因为下肢瘫痪而不能坐普通的小汽车，为此，克莱斯勒公司为他定制了一辆特别的汽车。

这天，工程师和工作人员将这辆汽车送到白宫。总统看完汽车以后，很惊叹地说："太不可思议了，只需按按钮，车子就能跑起来，真是太奇妙了！"

当时，罗斯福总统的一些朋友也来欣赏汽车了，他们也说："太感谢你们了，你们花费时间和精力研制了这辆车，这是件了不起的事！"

接下来，总统看汽车的车灯、散热器等，对于他看到的每一个细节，他都给予了赞美。

这些具体的赞美，让人感到了他的真心和诚意。

生活中，因为说话不给人留情面、总喜欢否定别人而让自己陷入窘境的例子，随处可见。其实，仔细想想，有时候，你的观点也并非全部正确，甚至有时完全是不符合事实的。即使你的观点正确，那又如何？因为你对他人的否定，你失去了一个朋友。其实，如果你能选择让步，那么，或许会收到双赢的效果。况且，让步并不是懦弱的表现，是暂时地退一步，为的是更进一尺。同时，听取别人的意见，反而会使自己受益无穷。

那么，应酬中，我们应该如何认同赞美他人呢？

1. 转换说话角度，多肯定别人

"良言一句三春暖"，有时候，一句体贴的话，会即刻拉近彼此间的心理距离。站在对方的立场说话，这是强化对方心理感受、获得对方心理认同感的重要方面。

在心理学中，有个著名的"保龄球效应"：

有两个保龄球教练，他们分别训练自己的队员。经过一番训练后，他们的队员都是一球打倒了7只瓶。

教练甲对自己的队员说："非常好，7只是个好成绩。"他的队员听到教练夸奖了自己，备受鼓舞。于是，他们决定，一定要将剩下的3只也打倒。

而教练乙则对他的队员说："一群没用的蠢材，居然还有3只没打倒。"队员一听，心想，我们已经很努力了，你咋就看不见我们已经打倒了7只呢。

结果，教练甲训练的队员成绩不断上升，教练乙训练的队员成绩却一次不如一次。

从这一效应中，我们总结出一个道理，面对同样的情况，如果我们

能反过来考虑问题，并转换一个角度说话，那么，对于听者，必定产生不同的心理效应。很简单，因为没有人希望自己被贬低，每一个人都希望自己得到他人的肯定和赞赏。

2. 多理解别人，体贴别人

盲目地否定别人的意见，许多时候只是因为对别人的排斥。如果能够理解别人、体贴别人，那么就会少一分盲目。

为此，我们要善于发现别人见解的独到性。只有这样，才能多角度地看问题，那么，你就不会只固定在某一个立场上。因此，无论何时都要注意，听到不同的观点切忌怒不可遏。

3. 发脾气前要先考虑后果

我们每每作出一种论断，尤其是针对别人的时候，最好想想，自己作出的这种论断有助于解决问题吗？是火上浇油还是雪上加霜呢？我们能否不总是批评别人，而是多提些建设性意见呢？

4. 说话不可太绝，要留有余地

说话不留余地，就会把人逼上绝路。因为凡事总有意外，留有余地，就是为了容纳这些意外，以免自己日后下不了台。

当然，认同他人并不是毫无原则的。一味地逢迎，反倒会引起别人的反感。因此，我们要把握好说话的分寸，管住自己的嘴巴，知道什么该说，什么不该说，说的时候说得恰到好处，你的话才不会惹恼他人，你才会拥有良好的人际关系！

掌握交际走向，把握主动权

社交活动中，我们与人交谈，尤其是在初次见面的时候，最终能否达到沟通目的，取决于我们和对方心理距离的远近。善于社交的人，可以与对方一见如故，相见恨晚，赢得交际的主动；不善社交的人，只能

导致四目相对，局促无言。

事实上，任何两个初次见面的人，都处于一定的心理戒备状态，彼此之间都会存在心理距离，而社交的根本目的也就是打破这种心理隔膜，建立友谊，从而达到更深层次的交际目的。如何拉近彼此之间的距离，最重要的一点就是要懂得运用策略，制造出惺惺相惜的心理磁场，从而达成一种心理认同感。

陈伯达刑满释放后，因为经过了难堪的狱中生活，所以对来访的人都产生了一种防卫心理。这时，著名作家叶永烈想去采访他，可是，该如何开场呢？叶永烈为此做了充分准备。

一进门，叶永烈就告诉陈伯达，1958年，陈伯达在北京大学作报告，他作为北大学生听过这个报告，叶永烈说："当时您带来一个'翻译'，把您的闽南话翻译成普通话，说实话，我平生还是第一次见中国人带'翻译'向中国人作报告！"多有趣的往事，陈伯达听后哈哈大笑。就这样一句风趣的话，一下就拉近了彼此之间的距离，气氛马上变得轻松起来，采访得以顺利进行。

我们在与陌生人交谈的时候，要想产生一见如故的效果，要在初次见面的交谈上下功夫，必须缩短心理距离，才能在感情上融洽起来。孔子说："道不同，不相为谋。"志同道合，才能谈得拢，有共鸣才能使谈话融洽自如。

两个女孩在同一个车站等车，两个人都觉得时间漫长，无聊至极。于是，其中一个女孩甲主动打破沉默，对另一个女孩乙说："小姐，您坐车去哪里啊？"

听到对方主动开口，女孩乙回答："我去南京，你呢？"

甲："这么巧啊，我也是，那我们可以做个伴儿了，免得一路无聊。对了，你去南京做什么？"

乙："我去看男朋友，国庆放假有时间，就去看看他。你呢？"

甲："我家在南京，我在上海读书，国庆放假回家看看。"

乙："你在上海读书，我也是啊，你在哪个学校读书？"

甲："上海财经大学。"

活学活用心理策略

乙："不是吧，这么巧啊，我们居然是校友，上海财经大学真是太大了，我以前都没见过你……"就这样，两个人就所读的同一所大学这个话题聊开了。两人一路上聊得热火朝天，互留电话，下车后，两人还一起进餐，没多久，两人就成了好朋友。

这两个女孩从相识到最终成为好朋友，就是因为她们有很多共同点，她们的目的地都是南京，而最重要的是，她们居然发现与对方就读同一所学校，缘分不浅，这就是一种惺惺相惜的心理磁场，当这种心理磁场产生后，即使是陌生人，也能很快对彼此产生兴趣，打破沉寂的气氛。相反，如果我们在与人交际的时候，不从彼此的共同点入手，即使再想结识，也会无话可讲，或者讲一两句就"卡壳"。

那么，我们应该怎样与初次交往的人拉近心理距离呢？

1. 寻找共同话题

这就要求我们善于观察。一个人的心理状态、性格、爱好乃至精神追求等，都或多或少地通过他们的表情、服饰、谈吐、举止等有所体现，只要你善于观察，就会发现你们的共同点。除此之外，我们还要学会揣摩、分析，因为对方的很多信息都隐匿在交谈的话语中，只有细细分析才会有所察觉。

2. 学会一些拉近彼此关系的语言技巧

比如，我们可以从以下几个方面注意自己的说话方式：

（1）多赞美对方。若想让对方觉得我们关心他，就要夸赞他的各种还未被发扬出的优点；加深对方对你的好印象；每次见面都找一个对方的优点赞美，是拉近彼此距离的好方法。

（2）多注意一些礼貌用语。使用"请教""帮我"等语气，较易获得对方的好感；常用"我们"这两个字可以拉近彼此间的距离。善用"我们"来制造彼此间的共同意识，对促进我们的人际关系将会有很大的帮助。

（3）与人交谈中，多叫几次对方的名字，可以增加彼此间的亲近感。不断地称呼对方的名字，往往会使刚刚认识的人产生亲近感。

（4）以好感为起点，让彼此的心理场更稳固。

与人交往，找出共同话题，建立好感并不是什么难事，但要使彼此之间的关系更深一层，就要看你的社交水平了。发现共同点是不难的，这只是谈话之初所需要的，难的是巩固、加深彼此间的关系。

比如，你可以记住对方"特别的日子"（如结婚纪念日、生日等），然后在这个日子送上一份祝福；还可以经常约对方出来见面，因为见面时间长不如见面次数多，你给对方留下的好印象将会随着见面次数的累加而逐渐加深。

总之，人际关系的培养，主要是给对方留下好印象。而这个好印象，应缘于心理认同感。

第16章 百变心理策略：心理技巧活学活用

活学活用心理策略
huoxue huoyong xinli celüe

灵活运用百变心理策略

　　当今社会，一个人是否会说话办事，无论是对于个人发展还是日常交际，都显示出了无可替代的重要性，这已成为一个人的生活及事业优劣成败的关键因素。但要学会说话办事，我们还要掌握一些心理策略，这能帮助我们以不变应万变，轻松地应付各种场合，解决各种问题。我们先来看下面这个故事：

　　一天，乾隆皇帝在新任宰相和珅与三朝元老刘通训的陪同下，游山赏景。乾隆随口问了一句："什么高、什么低，什么东、什么西？"饱含学识的刘通训随口即应："君子高、臣子低，文在东来武在西！"和珅见刘通训抢在自己的前面答复，十分不快，随即相讥："天最高、地最低，河（和）在东来流（刘）在西！"因为当时的皇家礼仪中，上首为东、下首为西，此话暗示：你刘通训再老、再有能耐，还在我和珅的下首。

　　刘通训知道和珅的用心，心里也极不满。当三人来到桥上，乾隆要他们各自以水为题，拆一个字，说一句俗语，作一首诗。刘通训张口即来："有水念溪，无水也念奚，单奚落鸟变为鸡（繁体为'鷄'）。得食的狐狸欢如虎，落坡的凤凰不如鸡。"和珅一听，好呀！老家伙骂我是鸡！岂能饶过他："有水念湘，无水还念相，雨露相上使为霜，各人自扫门前雪，休管他人瓦上霜！"告诫刘通训，给我当心点儿！

　　而乾隆听出了新老不和的弦外之音，二相不和，有损大清事业！于是，他一手拉一人，面对湖水中映出的三个人影说道："二位爱卿听

着，孤家也对上一道：'有水念清，无水也念青，爱卿共协力，心中便有清。不看僧面看佛面，不看孤情看水情'。"二人听罢，心中为之一震，深为乾隆的如此循循善诱而不降罪的龙恩所感动。和珅和刘通训立刻拜谢乾隆，当着皇上的面握手言和，结为忘年交。

乾隆皇帝是明智的，二位臣子表面上看是在吟诗作对，但实际上则是相互贬低，此时，他听出了个中蹊跷，也明白臣子间的不团结必有损大清事业。此时，如果他直接褒贬，一定会伤害一方的面子，致使双方的矛盾加深。因此，乾隆故意吟诗一首，通过诗歌来隐晦地传达自己希望二人和好的愿望，避免了对双方面子的伤害，收到了良好的效果。

无论生活、工作还是应酬交际中，我们都应该学习乾隆皇帝，多运用一些技巧，有助于解决各种难题。

小王是一名外企职员，负责市场部的信息工作。最近，小王接到了经理分配的一个任务，那就是探清合作公司的虚实，因为该公司有利用联谊窃取商业机密的嫌疑。

这可把小王急坏了，这根本是项没突破口的任务，在对方的公司，小王没有认识的人根本无从下手。苦苦思索以后，小王豁然开朗，既然没办法让他们承认，就只有主动出击了，他想到的办法就是让对方代表"酒后吐真言"。

那天，小王把那位代表约出来，两人很快就称兄道弟了，然后小王慢慢地给对方灌酒，那人的酒量不好，没一会儿，就开始"胡说八道"了。小王乘机问："你们公司和我们公司合作到底是为了什么？"从那个人的"口供"中得知，如小王和所有领导所料，他们公司只不过是为了获得第三方的资料。

现代社会，人们从事社交活动，大多带有一定的目的性，其中也不乏有对我们不利的目的。我们只有识别对方的目的，才不会在交际中被人利用，像小王一样，必要时候采取投石问路的方法，用点技巧，对方的意图就能一目了然。

生活中，任何人都可以轻易地使用心理策略。活用心理策略一点也不难，也不需要特别的训练。不论在事业还是恋爱中，善于人际交往的人，都是在不知不觉中使用心理策略，因为它本来就是极自然的东西。运用自如，有以下好处：

（1）能获得周围人的信任，工作和恋爱得以顺利进行。
（2）会使求职信更加有效。
（3）能提高会话技能，如要求赔偿或者陈述事情。
（4）在联谊活动或舞会上，能很快地和初次见面的人熟络。
（5）可赢得初次见面的人的信任，得以扩大人脉。
（6）由于很能了解对方的心意，所以很受欢迎。
（7）可轻松地与不好相处的人交往。

看清场合再识人

我们常说有人好办事，这就是交际的作用。自古至今，人际资源对一个人的发展都起着至关重要的作用。然而，即使很多人意识到了这一点，但却会因为不懂得如何社交而总是碰钉子；而那些聪明的人却能利用自己良好的人脉青云直上，达到自己的目标，获取成功。聪明人的聪明之处，就是他们能看清人心，把握人心。其实，很多时候，人心并不是单一的，人都有"两张脸"，这就是人的矛盾心理。这就告诉我们：采取心理策略与人交往，要学会分清场合。

"你是个看起来直性子的人，因此，大家在你面前从来都没什么隐瞒，即使难听的话也会当着你的面说出来，但实际上，你有时候也会被大家这些没有顾忌的话伤到，对吧？"对那些开朗但偶尔也会伤感的人说这样一段知心话，对方肯定认为你是个贴心的人，认为你什么都说"中"了，甚至愿意与你深交。我们先来看下面这个故事：

小刘和小王同时供职于一家银行，并且关系很好，他们的工作都令周围的人羡慕，可是就因为两人几次在公司举行的联谊会上的交际能力，导致了两人截然不同的结局。

一次，单位要举行一个和另外一家银行的联谊会。他们松了一口

气：可以从繁忙的工作中解脱了。于是，第二天一大早，两人就来到了联谊会的地点。

小刘看到有个中年人坐在角落里，闷闷不乐，他想起来了，此人是那家银行的副行长。于是，他端起酒杯走过去，说："您是周行长吧，我是××的小刘，您为什么不过去和大家聊聊天呢？一个人多闷呀？"小刘说了一通，但这位周行长却无动于衷，和小刘寒暄了几句后就换了另外一个地方，好像是故意躲着小刘，小刘便知趣地离开了。

这些都被小王看在了眼里，过了一会儿，小王端起两杯清水走了过去，对周行长说："以前我听说周行长是一个很喜欢热闹的人，现在看，您更爱清静啊。"这句话似乎说到了周行长的心坎里。

"是啊，除了工作中必须要应酬的场合，我一般都不大愿意参加……"接下来，二人聊了很久。

结果，一场聚会下来，小刘一无所获，只能牢骚满腹地回家，而小王收获颇丰。很快，他得到了周行长的推荐升职了。

这个案例中，很明显，小刘和小王都希望通过社交活动结识这位周行长，但只有小王成功了，为什么呢？因为小王抓住了人们普遍存有的矛盾心理，把话真正地说到了对方的心坎上。

人的心理本来就很矛盾，任何人都具有两面性。

例如，那些看起来越刚强的人，在遇到困难的时候，受挫感越强；相反，那些在生活中看起来柔弱的人，却有很强的韧性；而在为人处世上，前者往往会表现得很随和，即使出现矛盾和争端也会一笑而过；而柔弱的人却会因此而生气，但过后又会自责："我怎么会这样想呢？"

其实，在个性方面，你在这一方面表现得特别显著，那么，对立的一面也会强烈地并存着，因为只有这样，才会维持整体的平衡。而正因为这一点，我们在使用心理策略时才会"屡试不爽"。

因此，心理策略告诉我们一个猜中初次见面者某些情况的技巧，就是说出那个人相反的他的朋友的某些特征。比如，如果你发现与你交往的是个忠厚老实、不善于说话的人，那么，你完全可以对他的朋友的性格进行大胆的猜测，并告诉他："你的朋友性格一定很活泼，很会说

话吧？"反过来，如果对方看上去是个掌控力很强的人，那么，你可以这样猜测："你的朋友的性格一定很温柔吧？"这样猜，绝不会错。当然，这一心理策略不仅适用于猜测对方的性格，更适用于其他方面，比如，穿着、打扮等，如果对方是个短发的女性，你可以说："你的好朋友留着长发吧？"说中的可能性也很大。

总之，熟练掌握这一心理策略，那么，你一定能在交际场合令他人佩服得五体投地。

把握时机，抓紧机会

现今社会，人际关系的重要性尤为重要。俗话说："朋友多了路好走。"良好的人际关系、良好的社交能力，从一定程度上决定了一个人的生存状况。因为人与人沟通、交往、交朋友、储存人脉，既是单纯的交流情感的需要，同时，也是长远的生存发展的需要。但又有句古语说得好："话不投机半句多。"人与人之间能否意气相投，不在于交往时间的长短，而在于心灵是否相通，是否能产生一种心理共鸣。事实上，只要我们学会进什么庙烧什么香，看准时机说话，5分钟就可以赢得朋友。

不管任何形式、任何目的的会谈，无论是商务洽谈，还是朋友间的聚会，一般都不会立即进入主题，而是需要"热身"。其实，通常情况下，人们对于这一期间的沟通都忽略了其重要作用。因为人们对于这段时间内的交谈，都是没有戒备心的，如果我们能趁此机会进入到对方的潜意识中，那么，接下来的会谈肯定进行得很愉快，我们的交谈目的也更容易达到。

例如，如果是一次以销售产品为目的的会谈，那么，聊天刚开始，当对方提及足球的时候，你可以顺便说："啊！是啊！我的一

第16章　百变心理策略：心理技巧活学活用

个客户，已经使用我们公司的商品十年了，他可是个狂热的足球迷呢！"在这句看似闲聊的话中，却传达给客户这样一个十分有效的信息："他是我的忠实客户，已经合作很长时间了""产品质量很好，可以使用十年以上。"这种说话方式就是"特异说话术"，在任何场合都可以使用。

有了信任关系，谎话也会变成真话。诈骗谎言与工作、恋爱上的沟通有何关系？答案是，都是建立在信任的关系上。两人之间如果有坚实的信任基础，不管你说什么、做什么，对方都会往好的方面解释。反之，如果双方互信薄弱，不管你说什么、做什么，对方都会往坏的方面解读。恋爱关系中，被信任的一方，即使有"特殊状况"，只要找个"招待客户"的借口，就可以了事。但是不受信任的人，即使真的招待客户，也会被怀疑。有了信任关系，谎言会变成真话、真话也会变成谎言，往后你就能随心所欲了。

一位客户欠了迪特毛料公司150美元，并经常接到迪特公司的催款电话。终于，有一天，这位客户忍不住了，他愤怒地冲进迪特先生的办公室，说他不但不付这笔钱，而且一辈子也不再买迪特公司的任何东西。

这人喋喋不休了大概20分钟，待那人说完后，迪特才说："我要谢谢你告诉我这件事，你帮了我一个忙。既然你不能再向我们买毛料，我就向你推荐一些其他的毛料公司，我们会把你的欠账一笔勾销的。"最后，这位客户又签下了一笔比以往都大的订单。

据说，他的儿子出世后，他给起名叫迪特，后来他一直是迪特公司的朋友和顾客。

迪特与这位客户的关系，因为催款，本来已经处于边缘，尤其是在顾客冲进迪特办公室之时，一般情况下，免不了一场大吵或者一场不愉快的交谈，但迪特却采取了与众不同的措施，明智地作出了退让，满足了客户争强好胜的心理，改善乃至加深了彼此之间的关系。他的举动明显地让客户产生了一种信任和敬佩的感觉，自然加深了客户对迪特的心理认同感，客户的情绪也由气愤变得温和、冷静很多，他们之间的合作关系也因此延续下去，并合作得很愉快。

可见，心理策略的一个要义就是：建立过去未有的信任关系！因此，无论你最终的目的是什么，无论你是想谈成一笔大生意，还是想和心上人建立恋爱关系，只要你能熟练运用打开对方心扉的技巧，那么，都是通用的。

那么，具体来说，我们应该如何制造机遇、让对方信任我们呢？

1. 多倾听他人的心声

心情烦闷或感觉孤独时，任何人都需要倾吐的对象。尤其是那些带着情绪的交谈对象如那些不满的顾客、忧虑的朋友、孤独的老人，他们都需要你的倾听。此时，你应该做的就是倾听和表示你的理解，但这并不够，因为我们要想真正走进他人的心里，不仅仅要带着耳朵听，还要用心听，然后帮助对方解决烦恼。一个为朋友排忧解难的人才能称得上是真正的朋友。

当然，这种解决烦恼的方式，并不是一般意义上的用"实际行动"解决，而是用语言反馈，这样，对方就能感受到你的真诚和善解人意，彼此之间的关系也会明显地巩固很多。

2. 多说事实

你若想你的话听起来更可信，就要学会站在事实的角度说话，事实胜于雄辩，客观事实总是能让人信服的，假若你说的是谎言，那么，你的话就是经不住推敲的。因为从心理学的角度来分析，人们都有同样的心理趋向，那就是求真、求实。只有真实的东西，才最可信。

3. 多重复对方的话和对方的名字

可能有些人会问，这是为什么呢？其实，很简单，重复对方的话，表明你很在意对方的感受，听进了他的想法。而不断地称呼对方的名字，往往会使刚刚认识的人产生彼此已经认识很久的错觉。

4. 多强调你们之间的共同爱好和兴趣。

若与对方有共同点，就算再细微的也要强调，人与人之间一旦有了共同点，就可以很快地消除彼此间的陌生感，产生亲近感。这样不但可以使对方感到轻松，同时也可促使对方说出真心话。但随着时间的推移，这种"热乎劲儿"很快会过去，因此，你必须经常强调，这也有助于加深对方的心理认同感。

当然，加深对方心理认同感的方法还有很多，只要我们做个有心人，就没有搞不好的人际关系！

巧妙转折，自然过渡到你的意图

人际交往中，我们能否达到交往目的，很多时候体现的就是我们的语言水平。然而，很多时候，交谈进程并不会如我们想象得那样顺利，甚至可以说，交谈激烈时还会导致双方"唇枪舌剑"。面对这种情况，我们应该借力打力，调转势头，并乘胜追击，赢取胜利。

刘晓有一位同事，在公司正常上班期间想随父亲利用出差机会去泰山游玩，向刘晓请假，这当然是违反公司纪律的。身为部门主任的刘晓直截了当地拒绝他，甚至批评他都是可以的。但是，刘晓却是这样对这位同事说的："能和爸爸一起去泰山游玩，确实是件美事，不过，这几天我们公司要举行最优秀部门评比，你是我们部门的绩优股，我们部门还指望你的精彩表现呢，去泰山游玩的机会多得很，以后我们找个空闲的机会多组织一些同事一块儿去玩不是更好吗？"这位同事听了刘晓的话后说："主任，那我这次就不去了。"于是高高兴兴地收回了自己的请求。

你不觉得刘晓拒绝得十分高明吗？人们都不愿意自己的愿望遭到拒绝，断然的"不"字有伤情面。而先肯定对方甚至抬高对方，就为对方可以营造出了一种心理优势，此时，即使被拒绝，他们也会乐意接受。

纵观古今中外，那些善于掌控人心的人往往都能把控各种交际局面，因为不管遇到哪种情况，他们总是能巧妙转折，将话题转移到对自己有利的方面。

因此，我们在与人交谈的时候，一旦发现对方语言有漏洞，就要及时地抓住时机，具体说来，你需要做到以下几点：

1. 补救术

这种说话策略能很好地帮助我们摆脱对方的陷阱。比如，对方诱导你承认了他们的报价，你失口认可了对方的报价，如果发觉得及时，可以马上纠正——"当然，这个价格尚未计入关税税额"；如果发觉得较迟，你可以通过助手补充纠正："请注意，刚才张先生所允诺的价格，是以去年年底的不变价计算的，因此，还需要把今年头八个月的涨价比率加上。"当对方听到你已经巧妙地绕开了陷阱后，会立即方寸大乱，这时，便是你展开进攻的时机了。

2. 疲劳轰炸

对此，你可以尝试：

（1）多给对方安排一些场外活动，如热情招待、提供娱乐休闲活动等。

（2）找种种理由和借口把问题推向自己的上一级。

（3）保持冷漠，对对方的立场、观点无动于衷。

（4）采用慢节奏，同时进行友好招待，使其不便发泄不满。

3. 走马换将

也称车轮战术策略。利用各种机会，调换主谈人，依次参战。采用这种交涉方法的好处在于：

（1）在遇到某些问题需要时间思考或者无法抉择时可以取得更多的时间。

（2）弥补自己在交涉中已经犯下的错误。

（3）使对方付出加倍的精力，消耗其体力。

（4）乘胜追击，连续作战，不给对方喘息的机会。

当然，在运用以上几种策略时，还需要注意以下几点：

第一，态度要友善。

第二，讲清后果，说明道理。

第三，不能过分，否则会弄巧成拙。

总之，我们很清楚，交涉过程中，谁先掌握主动权，谁就拿到了胜利的砝码。因此，我们必须保持高度的警惕，一旦抓住时机，就要调转势头，巧用话语乘胜追击！

如何让对方在你面前敞开心扉

社交活动中，我们与人交谈，尤其是在初次见面的时候，能否达到最终的沟通目的，取决于我们和对方心理距离的远近。

事实上，任何两个初次见面的人，都处于一定的心理戒备状态，彼此之间都会存在心理距离，而社交的根本目的也就在于打破这种心理隔膜，建立友谊，从而达到进一步交往的目的。

对于陌生人，你可以说："其实我发现你是个情感很丰富、很有趣的一个人，并且你渴望与人交往，但你却很难敞开自己的心扉，不能全部展现出来。如果你能大胆一点，人际关系一定非常好。"这里，你使用的就是心理策略，可能你没有意识到。表面上看，这是很自然的一段开场白，其实你已经为对方下了一个套。接下来，对方肯定会提高警惕："你说你的，我才不信你的鬼话呢！"而实际上，你的话——"你还没有全部展现出来"就已经深深地植入到对方的大脑里，不管他信不信，他都有尝试改变的想法。既然如此，那么，他必定会把那个潜在的长处，进一步地表现出来。而如何做呢？其实，你的另外几句话也对他起到了作用——"如果你能大胆一点"，于是，不知不觉，他其实已经愿意与你沟通了。而相反，假若我们在与人交往的过程中，不懂得如何去打开对方的心扉，那么，就只能使彼此陷入尴尬的境地。

迈克是一家外企公司的人力资源经理，他招收了一批新员工。但令他感到不解的是：这些员工在应聘时一个个都是侃侃而谈，对考官的各种提问都应答如流，可是进入公司后，很多人不善言谈的弱点"原形毕露"，即便让他们说些迎言送语式的话，也是面红耳赤，羞涩得不得了。后来，迈克就主动找他们谈话，问他们是不是对新环境感到不适应，他们大多低着头，小声嗫嚅："不习惯和陌生人说话。"倒是其中有一个人反问迈克："我该怎样做才能融入集体？"

迈克笑了笑，随后问另一个缄默的新员工："你是不是每次跟人说话都像赶考？"他点头表示"是"。迈克说："你这是患了语言怯生忧郁综合征了。"

恐怕很多人在陌生的集体和陌生人的面前都出现过这样的情况。在陌生人面前，因为怯生，所以会出现语无伦次，越想把话说得尽善尽美，越是说得词不达意。这就像一个初次登台的演唱者准备得越充分，演唱效果越是打折扣一样。戴尔·卡耐基在他的《人性的弱点》中提到了人际关系的抑郁症。是什么导致了抑郁？是怯生。而怯生的原因反过来归结于我们不懂得如何说出打破尴尬的话。

其实，与陌生人说话怯生，多半是因为我们没有信心与对方沟通好，假若我们把心理策略运用其中，恐怕就是另外一番结果了。而要做到读懂对方的心理，其实，还是需要我们多站在对方的角度，多为对方说话。这一点，同样可以运用到任何沟通的场景中。

在中国的教育界，有个家喻户晓的名字——陶行知。

在陶行知曾经当校长的一个学校，有个调皮的学生叫王友，他是出了名的"孩子王"，经常捣乱，周围的同学和老师都有点怕他。

一天，课间活动时，陶行知看到他用土块砸同学，立即阻止了他，并告诉他一会儿来趟校长办公室。

放学后，陶行知看到王友早早地站在了校长办公室门口，但却一直不敢进来，为此，陶行知主动叫他进来。

被叫到校长办公室肯定不是什么好事，王友已经准备被校长骂了。但谁知道，一见面，陶行知并没有提这件事，而是给了他一块糖果，并对他说："这是给你的，因为你按时来到这里，而我却迟到了。"

王友接过糖果，但他不明白校长为什么这么说，正在他惊疑之际，陶行知又掏出一块糖果放到他手里，说："这块糖果也是奖励给你的，因为那会儿我制止你打人，你听到我的话就立即住手了，说明你很尊重我，谢谢你。"

王友听到校长这么说，更惊疑了。随后，陶行知又掏出第三块糖果塞到王友的手里，说："刚我已经调查过了，你不是无缘无故地打人，

那些男同学欺负女同学，被你看到了，你这是见义勇为啊。说明你正直善良，有跟坏人做斗争的勇气，应该奖励你啊！"

王友感动极了，他流着眼泪后悔地说道："陶……陶校长，你……你打我两下吧！我错了，我砸的不是坏人，而是自己的同学呀！"

这正是陶行知想要得到的结果，他满意地笑了，然后，他又拿出第四块糖果递过去，说："知错能改，善莫大焉。我再奖给你一块糖果，不过这可是我最后一块糖果了，我想我们的谈话也该结束了。"说完，陶行知就走出了校长室。

这就是陶行知与"四块糖"的故事。这小小的"四块糖"折射出了陶行知高超的批评艺术。在整个过程中，陶行知自始至终没有提及王友的错误，而是将对他的关心、热爱与期望融入宽松和谐、幽默诙谐的情景之中，通过循序渐进、启发诱导、激励表扬等方式，让王友充分认识到了自己的错误。整个批评过程自然流畅，"水到渠成"。陶行知的"四块糖"的确起到了"此时无声胜有声"的批评效果。

总之，无论是出于何种目的的人际沟通，要想让对方敞开心扉，就必须让对方觉得自己亲切并留下好印象。而这个好印象，也主要来源于心理认同感。

与众不同不是被孤立

现今社会，没有人能赤手空拳赢得成功，任何一项工作都需要彼此间的协作。打个很简单的比方，一根筷子的力量是渺小的，很容易被人折断，但十根筷子的力量就是巨大的。所以，合作是成功的关键。而齐心合作的前提是，你要懂得，你是集体的一分子，无论何时，你都不能被大家孤立，为此，懂得适时从众是一种明智的表现。

活学活用心理策略
huoxue huoyong xinli celüe

童言是一家出版社的编辑,因为刚出学校不久,没什么工作经验,于是,他虚心学习,嘴巴也很甜。因此,平时在单位里人际关系很融洽,很快,就得到了总编的器重,将一本重点图书的编辑工作全权交给了童言。

毕竟是文学专业出身,童言的文字功底十分不错,后来他的这本图书在全国图书评选中获了大奖。

往后,童言也觉得自己好像在单位的分量越来越重。每逢开会,他都表现得特立独行,与大家的意见很不一样。一段时间以后,童言发现了一些蹊跷:单位同事,包括他的上司,似乎都在有意或无意地与他过不去,并回避他。

童言不明白自己哪里做错了,平时什么小事他都抢着做,对同事、领导也是恭敬有加。苦思冥想后,他才恍然大悟,原来自己太过标新立异。想到这一点后,他也觉得自己做得有点过了。事实上,很多时候,自己的观点不一定完全正确,也怪不得上司几次都没有同意。

于是,某天,童言对办公室的所有人说:"今天晚上我请客,大家都要来,感谢你们这些天来一直帮我的忙,我是后辈,以后有什么不懂的地方,还要麻烦各位前辈了呢!"大家都答应了童言的邀请,自从这件事后,大家似乎又和以前一样热情了。

童言在认识到自己的失误之后,其做法是正确的,因为身在职场,没有任何人能独自完成一件事。任何一项工作,都离不开同事以及上司的共同努力。因此,我们切忌特立独行,把自己和众人隔绝开。因此,聪明的做法是学会适时从众。因为当你和大众的观点都相反时,你必然会成为大家攻击的"靶子"。无数职场经验和教训告诉我们:凡是喜欢争功的人都不会受到同事的欢迎,不会获得老板的欣赏,争功的结果就是使自己陷入孤立境地。

懂得从众是一种聪明的做法,那么,我们应该怎样通过听人说话来把握对方的内心世界,又应该怎样适时从众呢?我们可以从以下几个方面掌握:

1. 寻找让大家都乐于交谈的话题

如果交谈的人比较多,我们要学会照顾所有人的情感,寻找到合适

的话题，让大家都参与其中。不要因为自己喜欢某一个话题，就喋喋不休，也不管别人是不是感兴趣，更不要选太偏的话题，避免唯我独尊，天南海北，甚至出现跑题。最忌讳的一点就是不要和旁人小声私语，这在无形中会冷落别人。另外，即使你不喜欢其中的某个人，也不要说话带刺，让在场的其他人尴尬。

2. 若对方突然提高了声调，多半表示他与你意见相左，想在气势上胜过你

如果对方说话时突然语气发生变化，转换说话的方式，那他要么"图谋不轨"，要么想要吸引别人的注意力，自我表现一番。

3. 懂得感谢他人

任何人都喜欢听好话，如果与你交谈的是你熟悉的朋友、同事，你可以多找些理由感谢他们，当感谢同仁的鼓励、帮助和协作时，即使对方并没有给你很多协助，这个程序也是必不可少的，这样做虽然勉强一些，但你却可以避免成为"靶子"。

4. 分享

你可以分享的东西有很多，比如，一些好笑的事、你的某次经历等，一个懂得分享的人往往能带动大家的情绪，大家也乐于参与这样的话题。

5. 谦卑

谦卑处世的人往往是低调的，没有人会把这样的人当成攻击的"靶子"。而现实生活中，一些人一旦成功了或者有了荣耀就容易"忘了我是谁"，人们对那些自我意识膨胀的人会"敬而远之"，因此，当你有了荣耀后，更要懂得谦卑，这有利于得到别人的赞赏。

总之，枪打出头鸟，人们都喜欢排斥异己者，人际交往也是如此，因此，当我们与众人的意见不同时，不可以直接站出来反对，否则，你只会被大家剔除出局。

参考文献

[1]易水. 冷读术[M]. 北京：中国物资出版社，2012.
[2]吴维库. 阳光心态[M]. 北京：机械工业出版社，2006.
[3]郭建北. 每天学点冷读术全集[M]. 北京：新世界出版社，2012.